# 3D 打印技术创业教程

主　编　宗冬芳
副主编　冯　昊
参　编　董　捷
主　审　傅　凯

北京理工大学出版社
BEIJING INSTITUTE OF TECHNOLOGY PRESS

## 内 容 简 介

本书通过剖析 3D 打印技术的原理与工艺流程，由从事 3D 打印技术教学与技术服务的一线教师依据其在教学、科研、竞赛等方面的丰富经验编写而成。从认识 3D 打印技术、3D 打印技术原理、SLA 实例、创新与创业等几部分来讲述，按照"项目导入、任务驱动"的理念精选教学内容，内容综合全面、深入浅出，且实操性强。

本书充分体现了理论知识与实际运用相结合的特点，突出应用能力与创新素质的培养。从理论到实践再从实践回到理论，比较全面地介绍了 3D 打印技术的历史、现状、发展，系统地阐述了 3D 打印技术的原理、流程、工艺，并对 3D 技术在创新创业上的应用与发展做了详细描述。

本书可作为机电类、模具设计类、机械制造类专业教材，还可作为 3D 打印技术人员的参考书。

**图书在版编目（CIP）数据**

3D 打印技术创业教程／宗冬芳主编． —北京：北京理工大学出版社，2020.4
ISBN 978 – 7 – 5682 – 8313 – 7

Ⅰ.①3…　Ⅱ.①宗…　Ⅲ.①立体印刷 – 印刷术　Ⅳ.①TS853

中国版本图书馆 CIP 数据核字（2020）第 048772 号

出版发行／北京理工大学出版社有限责任公司
社　　　址／北京市海淀区中关村南大街 5 号
邮　　　编／100081
电　　　话／（010）68914775（总编室）
　　　　　　（010）82562903（教材售后服务热线）
　　　　　　（010）68948351（其他图书服务热线）
网　　　址／http：//www.bitpress.com.cn
经　　　销／全国各地新华书店
印　　　刷／三河市天利华印刷装订有限公司
开　　　本／787 毫米×1092 毫米　1/16
印　　　张／10.25　　　　　　　　　　　　　　　　责任编辑／封　雪
字　　　数／244 千字　　　　　　　　　　　　　　文案编辑／封　雪
版　　　次／2020 年 4 月第 1 版　2020 年 4 月第 1 次印刷　　责任校对／周瑞红
定　　　价／38.00 元　　　　　　　　　　　　　　责任印制／施胜娟

# 前　言

　　3D 打印技术，即快速成型技术中的一种加工技术。相对于普通的机械加工技术原理——减材制造，是一种反向原理，故 3D 打印技术也称增材制造技术。3D 打印技术常在航空航天、船舶、工业设计等领域被用于制造模型，后逐渐用于一些产品的直接制造，甚至模具的直接制造，是 21 世纪最具有颠覆性的高科技技术之一。2015 年 5 月 8 日，国务院正式印发了《中国制造 2025》，描绘了中国制造梯次推进的路线图和未来 30 年建设制造强国的宏伟蓝图，在该规划中，3D 打印（增材制造）技术作为代表性的新兴技术占有重要位置，因此，可以说 3D 打印技术使得制造技术取得革命性的进步，而且 3D 打印（增材制造）技术作为一种创新型技术，为教育提供了更多的资源和突破口。在职业院校创新创业教育中加入 3D 打印技术，不仅能让学生对 3D 打印技术有一个崭新的认识，而且能快速、直接、精确地将设计思想转化为实物模型，使创新创业教学目标、内容等环节发生变革。

　　本书深入浅出地介绍 3D 打印技术，同时介绍了逆向工程技术在 3D 打印技术中的应用。从实际应用出发，充分考虑职业院校学生的学习特点，精心规划教学内容。内容言简意赅、图文并茂、通俗易懂。编者按照自己多年的学习实践经验，将纷繁复杂的内容整合归类，分成 4 章进行阐述，由宗冬芳任主编（第 1、2 章），冯昊任副主编（第 3 章），董捷（第 4 章）参编，傅凯任主审，在此特别感谢杭州中测科技有限公司的技术支持，在本书编辑过程中陆军华先生、肖方敏先生给予大量宝贵建议。

　　本书从整体内容设计上来说适用于国内职业技术学院、技师学院等职业院校的学习者，适合模具设计与制造、无人机应用技术、数控加工技术、模具制造、计算机辅助设计、工业设计、动漫、影视等 3D 打印技术相关专业人员学习参考。由于编者水平有限，加之时间仓促，书中难免存在疏漏与不妥之处，敬请读者批评指正，以便在本书修订时进行完善。

编　者

2019 年 11 月

# 目　录

# 第1章
## 认识3D打印技术

## 1.1 3D打印是什么

2012年，英国著名财经杂志《经济学人》（*The Economist*）的一篇封面文章指出，以3D打印为代表的数字化制造技术将会成为引发第三次工业革命的关键因素。自第一台3D打印机问世以来，3D打印技术（图1-1）正逐渐融入设计、研发以及生产的各个环节，高度融合材料科学、制造工艺与信息技术等并创新。新的3D打印浪潮，正推动生产方式的变革，补充优化传统制造方式，催生新的生产模式。3D打印技术势必成为引领未来制造业趋势的众多突破之一，其将改写制造业的生产方式，进而改变产业链的运作模式。

图1-1 3D打印技术

那么，什么是3D打印？

传统的生产制造方式是等材制造和减材制造。

等材制造：采用铸造（图1-2）、焊接及锻压等技术对材料进行加工，制造过程中，基本上不改变材料的量，或者改变很少。

减材制造：利用切削机床对毛坯进行加工，由大变小，而形成最终所需要形状的零件（图1-3）。

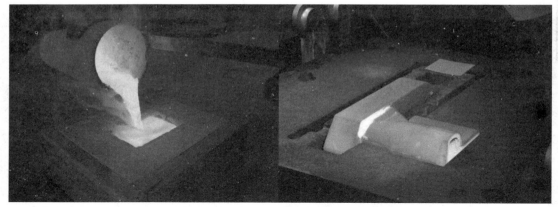

图 1-2　铸造加工

图 1-3　车削加工

　　3D 打印技术是由数字模型直接驱动，运用金属、塑料、陶瓷、树脂、蜡、纸和砂等可黏合材料，在 3D 打印机上按照程序计算的运行轨迹，以材料逐层堆积叠加的方式来构造出与数据描述一致的物理实体的技术（图 1-4）。

实物模型

三维数据模型　　　　　　　材料堆积成型

图 1-4　快速成型制造模型的过程

　　3D 打印技术准确地讲应称为快速成型（Rapid Prototyping，RP）技术，属于增材制造技术。3D 打印技术是一系列快速成型技术的统称，其基本原理都是叠层制造，3D 打印设备也与传统打印机较为类似，都是由控制组件、机械组件、打印头、耗材和介质等架构组成的，打印过程也很接近。从用户的使用体验而言，3D 打印机与普通打印机极为相似，正是如此，快速成型技术才会被形象地称为 3D 打印。

　　3D 打印技术集成材料科学、机械工程、控制工程、光学、热学和软件等多领域的技术成果，并非一项单一技术。3D打印技术能够自动、直接、快速、精准地反映设计思想，并将其转变为具有一定功能的原型甚至可供使用的零件，为零件原型制作、新设计思想的校验等方面提供了一种高效低成本的实现手段，被认为是近20年来制造领域的一个重大成果。

## 1.2　3D打印技术系统组成

一个完整3D打印产品的制作，需要由软件、硬件设备使用打印材料共同协作完成。

### 1.2.1　软　件

3D打印中使用的软件主要包括以下几个部分。

#### 1. 建模软件

建模软件辅助设计人员制作产品三维数字模型（图1-5）。

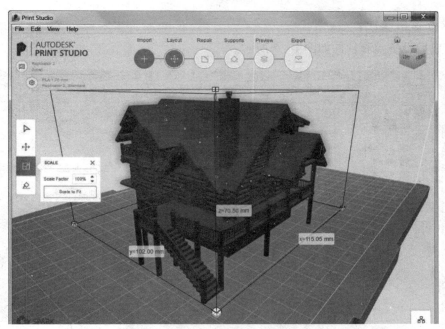

图1-5　图形设计软件AUTOCAD为三维打印推出的增强功能

3D设计是在假想空间直接完成整体形态的设计，只要有3D数据，就可以根据数据打印出成品。可用于3D建模的软件工具很多，根据设计对象的形状和用途需要选择不同的软件环境，通过软件工具详细、完整地表达设计细节和需求，是快速成型的制造依据。

#### 2. 数据处理软件

为使快速成型设备识别三维模型，执行成型命令，使用数据处理软件对三维模型进行数据修复、转换、切片、添加支撑等操作（图1-6）。

简单有效地优化STL或CAD数据

Magics能确保更好的3D打印和更成功的建模

优化3D打印模型
- 运用布尔运算和高级切割
- 重新调节部件、补偿收缩值
- 抽壳（挖空部件）

让设计更上一层楼
- 轻松添加标识、序列号或其他标签
- 应用纹理
- 镜像部件

图1-6 数据处理软件 Magics 在 3D 打印中的应用

产品设计完成进行生产加工前，都要从 3D 图形文件转换为机床代码，然后才能送至生产设备进行相应的加工。数据处理软件就是将模型设计的图形文件从模态结构转化成数字结构，并对转化过程中产生的错误进行检测、修复、编辑等处理操作，生成加工设备可识别执行的数字文件。

3. 设备控制软件

快速成型设备控制软件如图 1-7 所示。

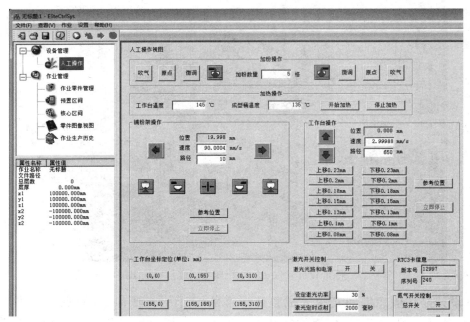

图1-7 TPM 盈普光电的设备控制软件 EliteCtrlSys

设备控制软件主要用于将 3D 数据导入成型设备，并控制、监测成型设备完成成型加工。

## 1.2.2 硬件：3D 打印设备

3D 打印设备主要指 3D 打印机，是 3D 打印的核心装备（如图 1-8 所示）。

不同的成型方式所使用的设备不尽相同，但其基本原理都是堆叠薄层成型。3D 打印机与普通打印机工作原理基本相同，打印机内装有打印材料，成型设备收到模型的切片信息后，通过软件控制开始打印，打印材料按照既定路径被逐层打印成型，层层堆叠，直到得到一个实体模型。

目前市面上的3D打印设备可分为两类，一类是工业级3D打印机，另一类是桌面级3D打印机。

工业级3D打印机（图1-9），精度高、成品率高、高度高，常被称为快速成型机。这些设备主要应用于专业化、重量级的产品原型设计，价格昂贵，系统复杂，适用于专业人士。

图1-8　Stratasys公司的3D打印机

随着技术的发展和消费者需求的变化，3D打印机褪去神秘，开始走进业余爱好者和设计师的工作台。桌面级3D打印机（图1-10）小巧精致且价格低廉，对于个人消费者、中小企业或者各类教育机构等非常实用，对操作者的专业要求不高。相对地，3D打印机的小型化也一定程度上牺牲了产品的精度和表面质量等。桌面级3D打印机的推广普及，使得3D打印技术进入大众视野。

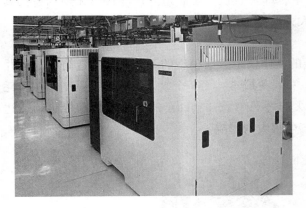

图1-9　工业级3D打印机

图1-10　桌面级3D打印机

## 1.2.3　打印材料

基于3D打印的成型原理，其所使用的原材料必须能够液化、粉末化或者丝化，在打印完成后又能重新结合起来，并具有合格的物理、化学性能。除了模型成型材料，还需有辅助成型的凝胶剂或其他辅助材料，以提供支撑或用来填充空间，这些辅助材料在打印完成后需要处理去除。

现在可用于3D打印的材料种类越来越多，从树脂、塑料到金属，从陶瓷到橡胶类材料都可作为成型材料。3D打印材料主要可分为高分子材料和金属材料两大类，高分子材料如光敏树脂、ABS、PC、尼龙粉、石膏粉、蜡等是3D打印的常用材料，金属材料受工艺及自身特性的局限，目前应用并不广泛。随着技术的发展，一些混合材料的应用也渐渐多了起来。

# 1.3　3D打印的特点

3D打印是对材料做"加法"的增材制造，与传统机械切割原料或通过模具成型的"减法"制造有很大不同。现今社会越来越倾向于数字化，在计算机技术的普及、新型设计软件、新材料应用等诸多技术推动下，3D打印凭借其独特的制造技术可将虚拟的、数字的物品快速还原到实体世界，快速得到个性化的产品，尤其是形状复杂、结构精细的物体，这种生产方式符合社会发展的大趋势。

3D打印技术在近20年的快速发展中，应用越来越广泛，其成型方式在应用中呈现了独特的特点。在当前的技术条件下，与传统生产制造方式相比，既有其优势也有劣势。

## 1.3.1　3D打印的优势

### 1. 从制造成本来看

（1）生产周期短节约成本。

3D打印技术在有三维数据模型的条件下，即可直接开始制造实体零件，无须制造模具和试模等传统制造工艺漫长的试制过程，大大缩短了生产周期，也节约了制模成本。

（2）制造复杂零件不增加成本。

对于3D打印技术而言，制造形状复杂的物体仅是数据模型的不同，与制造简单物体并无太大不同，并不会额外消耗更多的时间、材料等成本，而一个复杂形状的模具制作相当耗时费力，有的甚至无法制成。3D打印制造复杂零件（图1-11）的方法若能和传统制造达到同样的精度和实用性，将会对产品价格产生很大的影响。

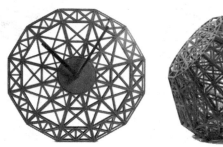

图1-11　3D打印复杂结构物体

（3）产品多样化不增加成本。

同一台3D打印设备按照不同的数据模型使用相同材料，可以同时制造多个形状不同的物体。传统制造设备功能较为单一，能够做出的形状种类有限，成本相对也较高。

### 2. 从产品来看

（1）实现个性化产品定制。

对于3D打印技术，从理论上讲，只要计算机建模设计出造型，3D打印机都可以打印出来。人们可以根据所需对模型进行任何个性化修改，实现复杂产品、个性化产品的生产。这一点在医学领域的应用显得尤为重要和适宜，个性化制造符合患者需求的诸如假牙、人造骨骼和义肢（图1-12）等，对患者来讲意义重大。

图1-12　3D打印的义肢

（2）产品无须组装，一体化成型。

3D打印可以使部件一体化成型，不需要各个零件单独制造再组装，有效地压缩了生产流程，减少了劳动力的使用和对装配技术的依赖，在这些方面节省了大量成本。在传统生产中，产品生产是由流水线逐步生产组装的，部件越多，组装和运输所耗费的时间和成本也就越多。

（3）突破设计局限。

传统制造受制于生产工具和方式，并不能随心所欲地生产设想中的产品。3D打印技术突破了这些局限，可以轻松实现设计者的各种设计想法，大大拓宽了设计和制造者的发挥空间。

3. 从生产过程来看

（1）制作技能门槛低。

3D打印中计算机控制制造全过程，降低了对操作人员技能的要求，不需要再依赖熟练工匠的技术能力控制产品的精度、质量和生产速度，开辟了非技能制造的新商业模式，并能在远程环境或极端情况下为人们提供新的生产方式。

（2）废弃副产品较少。

3D打印制造的副产品较少，尤其在金属制造领域，传统金属加工浪费量惊人，而3D打印进行金属加工时浪费量很少，节能环保。

（3）精确的产品复制。

3D打印依托数据模型生产产品，在同一产品精度的控制方面也是从数据扩展至实体，因而可以精确地创建副本或优化原件（图1-13）。

图 1 - 13　高精度创建实体

（4）材料无限组合。

传统制造在切割或模具成型的过程中，不能轻易地将不同原材料结合成单一产品。而3D打印技术却可将以前无法混合的原材料混合成新的材料，这些材料种类繁多，甚至可以赋予不同的颜色，具有独特的属性或功能（图 1 - 14）。

然而，3D打印技术并非"无所不能"，还有许多技术困难没有得到完美解决。在产品精度、实用性等方面还有很大的提升空间。现时技术条件下，3D打印技术仍存在一些缺陷或劣势。

### 1.3.2　3D打印的劣势

1. 制造精度问题

3D打印技术的成型原理是层层堆叠成型，这使得其产品中普遍存在台阶效应（图 1 - 15）。尽管不同方式的3D打印技术（如粉末激光烧结技术）已尽力降低台阶效应对产品表面质量的影响，但效果并不尽如人意。分层厚度虽然已被分解得非常薄，但仍会形成"台阶"，对于表面是圆弧形的产品来说，精度的偏差是不可避免的。

图 1 - 14　3D打印多材料混合彩色模型

图 1 - 15　3D打印产品呈现的台阶效应

目前，很多打印方式都需要进行二次强化处理，如二次固化、打磨等，其对产品施加的压力或温度，会造成产品材料的形变，进一步造成精度降低。

### 2. 产品性能问题

层层堆叠成型的方式，使得层与层之间的衔接无法与传统制造工艺整体成型的产品的性能相匹敌，在一定的外力作用下，打印的产品很容易解体，尤其是层与层之间的衔接处。

现阶段的3D打印技术，由于成型材料的限制，其制造的产品在诸如硬度、强度、柔韧性和机械加工性等性能和实用性方面，与传统制造加工的产品还有一定的差距。这一点在民用领域的产品上体现得较为明显，多用于产品原型或验证设计模型时使用，作为功能部件使用略显勉强。3D打印在工业制成品等高端应用中，在精度、表面质量和工艺细节上有很大提升，在航空航天、医疗、军事等领域有较多的功能性应用。

### 3. 材料问题

目前可供3D打印机使用的材料，尽管种类在不断地扩大，但相对于应用需求来讲还是太少，即使可以在3D打印机上使用，其产品的功能性如何尚未可知。

此外，由于3D打印加工成型方式的特殊性，很多材料在使用前需要经过处理制成专用材料（如金属粉末），这使得打印的产品在质量上与传统加工产品的质量有一定的差距，影响应用。另一些快速成型方式制成的产品表面质量较差，需要经过二次加工等后处理才能应用。对于具有复杂表面的3D打印产品，支撑材料难以去除，也对产品质量和应用构成影响。

### 4. 成本问题

目前，使用3D打印机进行生产制造，高精度核心设备价格高昂，成型材料和支撑材料等耗材需制成专用材料，价格不菲，这使得在不考虑时间成本时，3D打印对传统加工的优势荡然无存。

在现有的技术条件下，打印成品的表面质量还需进一步后处理，当后处理成为必要环节时，人力和时间成本也随之上升。

## 1.4　3D打印的工程应用

3D打印技术已经发展近30年，它为传统制造业带来的改变是显而易见的。随着技术的发展，数字化生产技术将会更加高效、精准、成本低廉，3D打印技术在制造业将大有可为。

### 1. 工业制造

3D打印技术在工业制造领域的应用不言而喻，其在产品概念设计、原型制作、产品评审和功能验证等方面有着明显的应用优势。运用3D打印技术能够快速、直接、精确地将设计思想转化为具有一定功能的实物样件，对于制造单件、小批量金属零件或某些特殊的、复杂的零件来说，其开发周期短、成本低的优势则会突显出来，使得企业在竞争激烈的市场中占有先机。

图 1 – 16 是福特汽车公司向福特汽车爱好者提供的 3D 打印福特汽车模型，并提供了打印数据供下载。3D 打印的小型无人飞机、小型汽车等概念化产品已问世，3D 打印的家用器具模型也常被用于企业的宣传和营销活动中。

图 1 – 16　福特汽车 3D 打印模型

### 2. 医疗行业

3D 打印技术在医疗领域发展迅速，市场份额不断提升。3D 打印技术为患者提供了个性化治疗的条件，可以根据患者的个人需求定制模型假体，例如假牙、义肢等，甚至定制人造骨骼也已成为现实。据英国媒体报道，天生右臂缺失的 9 岁男孩 Josh Cathcart 在医院装上了 3D 打印机械手（图 1 – 17），通过简单的手势，机械手能够实现不同的持握动作，他可以像其他孩子一样生活和玩乐了。通过 3D 打印技术可以很容易得到病人的软、硬组织模型，为医生提供准确的病理模型，帮助医生更好地了解病情，合理制定手术规划和方案设计。

图 1 – 17　使用 3D 打印机械手持握积木的 Josh Cathcart

另外，研究人员正在研究将生物 3D 打印应用于组织工程和生物制造，期望通过 3D 打印机打印出与患者自身需要完全一样的组织工程支架，在接受组织液后，可以成活，形成有功能的活体组织，为患者进行移植代替损坏的脏器带来了希望，为解决器官移植的来源问题提供了可能。尽管生物

3D打印有如此诱人的应用前景，但也涉及伦理和社会问题，这些都需要制定相关法律法规来加以限制。当然，这还只是一种设想，要想变为现实，还需要做很多的科研工作。

　　3.航空航天，国防军工

　　在航空航天领域会涉及很多形状复杂、尺寸精细、性能特殊的零部件、机构的制造。

3D打印技术可以直接制造这些零部件，并制造一些通过传统工艺难以实现的零件。据一些媒体报道，一些战斗机、航母、商飞的民用飞机甚至美国国家航空航天局（NASA）的航天器也正在使用3D打印技术。

图1-18　瑞达XWB-97发动机

　　罗尔斯罗伊斯公司利用3D打印技术，以钛合金为原材料，打印出了首个最大的民用航空发动机组件，即瑞达XWB-97发动机（图1-18）的前轴承，是一个类似于拖拉机轮胎大小的组件。

　　全球四大航空发动机厂商陆续宣布将在不同领域使用3D打印技术，UTC下属的普惠飞机发动机公司宣布将使用3D打印技术制造喷射发动机的内压缩叶片，并在康涅狄格大学成立增材制造中心，霍尼韦尔则在其后宣布将使用3D打印技术构建热交换器和金属骨架。同为航空发动机四巨头的通用航空、劳斯莱斯，在增材制造技术应用与航空发动机的研发方面所用时间也都超过了10年。

　　4.文化创意，数码娱乐

　　3D打印独特的技术优势使得它成为那些形状结构复杂、材料特殊的艺术表达的很好的载体。3D打印不仅可以制作模型艺术品，也可以制作电影道具、角色等，如洛杉矶特效公司Legacy Effects运用3D打印技术为电影《阿凡达》塑造了部分角色和道具（图1-19），而3D打印的小提琴则接近了手工艺的水平。

图1-19　Legacy Effects为《阿凡达》制作角色模型

### 5. 艺术设计

对于很多基于模型的创意 DIY 手办、鞋类、服饰、珠宝和玩具等，3D 打印技术也是手到擒来，可以很好地展示设计者的创意（图 1－20、图 1－21）。设计师可以利用 3D 打印技术快速地将自己所设计的产品变成实物，方便快捷地将产品模型提供给客户和设计团队观看，提供及时沟通、

图 1－20　3D 打印的珠宝

交流和改进的可能，在相同的时间内缩短了产品从设计到市场销售的时间，以达到全面把控设计顺利进行的目的。快速成型使更多的人有机会展示其丰富的创造力，使艺术家们可以在最短的时间内释放出崭新的创作灵感。

图 1－21　3D 打印全套《最终幻想 7》人物手办

### 6. 建筑工程

设计建筑物或者进行建筑效果展示时，常会制作建筑模型。传统建筑模型采用外包加工手工制作而成，手工制作工艺复杂、耗时较长、人工费用过高，而且也只能做简单的外观展示，无法还原设计师的设计理念，更无法进行物理测试。3D 打印可以方便、快速、精确地制作建筑模型（图 1－22），展示各式复杂结构和曲面，百分百还原设计师的创意，并可用于外观展示及风洞测试，还可在建筑工程及施工模拟（AEC）中应用。有的巨型 3D 打印设备甚至可以直接打印建筑物本身（图 1－23）。

图1-22　3D打印还原创意积木游戏《我的世界》建筑模型

图1-23　亮相苏州的3D打印豪华别墅

### 7. 教育

3D打印技术在教育领域也可以大有作为，可以为教学提供模型，用于验证科学假设，可以覆盖不同的学科实验和教学。在北美的一些中学、普通高校和军事院校，3D打印技术已经被用于教学和科研（图1-24）。

图1-24　课堂上的3D打印演示

### 8. 个性化定制

3D打印技术可以使人们在提供模型数据的条件下，打印属于自己的个性化产品，电子商务可以在基于网络数据下载条件下提供个性化打印定制服务。当然，这也会涉及一些诸如知识产权等的法律问题，有待完善。

以上虽然罗列了 3D 打印技术应用的诸多方面，但是目前还有许多困难没有得到完美解决，限制了它的普及和推广。未来随着 3D 打印材料的开发，工艺方法的改进，智能制造技术的发展，新的信息技术、控制技术和材料技术的不断更新，3D 打印技术也必将迎来自身的技术跃进，其应用领域也将不断扩大和深入。

# 1.5  3D 打印技术现状及发展

## 1.5.1  3D 打印技术的历史

3D 打印的发展历程如图 1 – 25 所示。

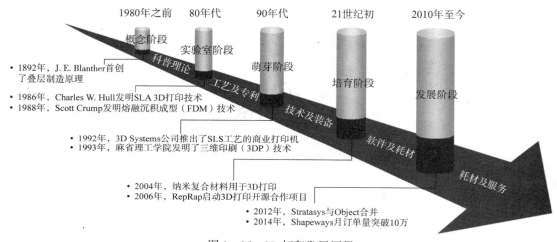

图 1 – 25  3D 打印发展历程

3D 打印源自 100 多年前的照相雕塑和地貌成形技术，20 世纪 80 年代已有雏形。

1986 年，美国科学家 Charles W. Hull 首次在他的博士论文中提出用激光照射液态光敏树脂，固化分层制作三维物体的快速成型概念，他将这项技术命名为立体光固化成型（SLA）技术，并申请了专利。同年，Hull 成立了 3D Systems 公司，并开发了第一台商用 3D 打印机，它被称为立体光敏成型设备。

1988 年，3D Systems 公司推出了面向公众的第一款商业化快速成型机 SLA250，它以液态树脂选择性固化的方式成型零件，开创了快速成型技术的新纪元。经过 20 多年的发展，SLA 技术已经成为当今研究发展最成熟、应用最广泛的 3D 打印典型技术，在全世界安装的快速成型机中光固化成型系统约占 60%。

1988 年，Scott Crump 发明了熔融沉积成型（FDM）技术。成立了著名的 Stratasys 公司，并于 1992 年售出首台基于 FDM 技术的"三维建模"机器。美国得克萨斯大学奥斯汀分校的 Carl Deckard 于 1989 年研制成功选择性激光烧结（SLS）技术，稍后组建了 DTM 公司，公司于 1992 年出售首台 SLS 系统。同年，美国麻省理工学院的 E. M. Sachs 申请了 3DP（Three

Dimensional Printing）专利，该专利是非成型材料微滴喷射成型范畴的核心专利之一。2001年，3D Systems 公司收购了 DTM 公司。

1998 年以色列公司 Objet 成立，该公司以制造 3D 打印所需的材料著称，并于 2008 年推出了革命性的 Connex500™ 快速成型系统，它是有史以来第一台能够同时使用几种不同打印原料的 3D 打印机。

2010 年 11 月，史上第一台用巨型 3D 打印机打印整个车身的轿车问世。

2011 年 6 月，荷兰医生给一名 83 岁老妪安装一块用 3D 打印技术打印出来的金属下颌骨，这是全球首例这类型手术。

2011 年 7 月，英国埃克赛特大学的研究人员展示了世界上第一台巧克力打印机。同年 8 月，世界上第一架 3D 打印飞机由英国南安普敦大学的工程师创建完成。

2012 年 4 月，Stratasys 宣布与 Objet 合并。

2012 年 11 月，中国宣布成为世界上唯一掌握大型结构关键件激光成型的国家，2013 年，北京航空航天大学的王华明团队首创 3D 打印飞机钛合金大型主承力构件。

2013 年 6 月，Stratasys 和桌面型 3D 打印领导者 MakerBot 合并，使 Stratasys 业务从工业 3D 打印机扩展到家用型 3D 打印机。

### 1.5.2 3D 打印技术的现状及发展

经过多年的探索和发展，3D 打印技术有了长足的发展，目前已经能够在 0.01 mm 的单层厚度上实现 600 dpi 的精细分辨率。国际上较先进的产品可以实现每小时 25 mm 厚度的垂直速率，并可以实现 24 位色彩的彩色打印。

目前，在全球 3D 打印机行业，美国 3D Systems 和 Stratasys 两家公司的产品占据了绝大多数市场份额。在欧美发达国家，3D 打印技术已经初步形成了成功的商用模式，同时，国际 3D 打印机制造业正处于迅速兼并与整合过程中，行业巨头正在加速崛起。

近年来，我国积极探索 3D 打印技术的研发，自 20 世纪 90 年代初以来，清华大学、西安交通大学、华中科技大学、中国科技大学、北京航空航天大学、西北工业大学等多所高校积极致力于 3D 打印技术的自主研发，在 3D 打印设备制造技术、3D 打印材料技术、3D 设计与成型软件开发、3D 打印工业应用研究等方面取得了不错的成果，有部分技术已经处于世界先进水平，但总体而言，国内 3D 技术的研发水平与国际先进水平还有较大差距。

根据中国机械工程协会增材制造分会和观研天下发布的《2019 年中国 3D 打印市场分析报告 – 行业供需现状与发展商机研究》的调查结果，2013 年全球 3D 打印行业总产值为 30.3 亿美元，2018 年达到了 96.8 亿美元，5 年间的复合增速达 26.1%。预计到 2020 年、2022 年、2024 年，全球 3D 打印行业总产值将分别有望达到 158 亿美元、239 亿美元、356 亿美元。2013 年国内 3D 打印产业规模仅 3.2 亿美元，2018 年规模达 23.6 亿美元，5 年的复合增速达 49.1%。预计 2023 年，我国 3D 打印行业总收入将超过 100 亿美元。但 3D 打印技术要进一步扩展其产业运用空间，目前仍面临着多方面的瓶颈和挑战。

1. 耗材问题难以解决

耗材的局限性是 3D 打印不得不面对的现实。目前，3D 打印的耗材非常有限，现有的市场上的耗材多为石膏、无机粉料、光敏树脂、塑料等。如果真要"打印"房屋或汽车，光靠这些材料是远远不够的。如最重要的金属构件，这恰恰是3D打印的软肋。耗材的缺乏，也直接影响3D打印的价格。打印一个飞机零部件，某种样品的金属粉末耗材一斤就要卖4万元，所以3D打印样品至少要卖2万元。但是，如果采用传统的工艺去工厂开模打样，只需要几千元。

**2. 制造的产品精度不够**

由于3D打印工艺发展还不完善，特别是对快速成型软件技术的研究还不成熟，目前快速成型零件的精度及表面质量大多不能满足工程直接使用的要求，不能作为功能性部件，只能作为原型使用。以Stratasys公司3D打印汽车为例，汽车能"打印"出来，但能否顺利跑起来，使用寿命有多长？从现有的技术来看，恐怕有一定的难度。

由于采用层层叠加的增材制造工艺，层和层之间的黏结再紧密，也无法和传统模具整体浇铸而成的零件相媲美，这意味着在一定外力条件下，"打印"的部件很可能会散架。

**3. 中国需整合3D打印产业链**

一项单个技术的推广，如果不能构建起一个上下游结合的产业链，它的影响就是有限的。从全球范围看，中国的3D打印技术研发起步并不晚，目前在单项技术领域，甚至媲美英国、美国等国。例如，在航空工业的钛合金激光打印技术上，北京航空航天大学王华明教授领导的团队在研发上就走在世界前列。

差距在哪里？中国工程院院士、西安交通大学机械学院院长卢秉恒认为，美国企业介入3D打印技术较多，研发实力较强，而中国当时只是几所大学在搞研发，没有创新力和产业链，技术研发集中在设备上，材料和软件没配套，各家都是"单打独斗"。另外，政府的支持力度也不够。在20世纪90年代中期，中国政府对3D打印技术大概支持了两三千万元，后来资金支持就断了，在3D打印技术上的投入很少，直到2012年才又重视起来。

综上所述，3D打印技术作为一项新兴技术，目前虽然存在一些技术瓶颈，但具有较强的发展前景，全世界都十分重视。随着智能制造、控制技术、材料技术、信息技术等不断发展和提升，这些技术也被广泛地综合应用于制造工业，3D打印技术也将会被推向一个更加广阔的发展平台。

3D打印技术的确可以改变产品的开发、生产，但赋予3D打印"第三次工业革命"之称有点言过其实。单件小批量、个性化、网络社区化生产模式，决定了3D打印技术与传统的铸造建模技术是一种相辅相成的关系。3D打印设备在软件功能、后处理、设计软件与生产控制软件的无缝对接等方面还有许多问题需要优化。未来，3D打印技术主要有以下发展趋势：智能化、便捷化、通用化。

# 1.6 典型设备及厂商介绍

## 1.6.1 典型3D打印设备

在形形色色的3D打印展会上，会看到形式多样、种类繁多的3D打印设备，有的在打印塑料玩具和工艺品，有的在制作轴承等机械零部件。下面将从应用领域的角度来介绍工业级和桌面级3D打印设备。

### 1. 工业级3D打印设备

工业级3D打印设备多应用于制造业的工业新产品设计、试制和快速制作模型等（图1-26），也可用于医疗行业某些特殊医疗器械的制造、建筑模型制作和创意产品玩具模型克隆等方面。

工业级3D打印设备多采用光固化成型法、喷墨成型法、热熔融树脂沉积法、粉末烧结法和利用树脂固定石膏法等各种方式的机型（图1-27、图1-28）。以前使用这些设备的人们还常称其为快速成型机。相对于传统制造，3D打印设备对原材料的损耗较小，还节省模具制造、锻压等的时间和资金成本。

图1-26 3D打印制作的机械模型

图1-27 盈普光电锐打-SLA
云打印工业级3D打印设备

图1-28 盈普光电锐打-SLS云打印工业级3D打印设备

一方面，由于成品大小、可使用的材料种类、叠加层厚度的细致程度等因素的影响，工业级3D打印设备的市场价格差异较大。这些设备少则几万、十几万，多则几十万、上百万、上千万，有些成型方式甚至只有上百万的高端机型。在日常工作和生活中，并不能够轻易接触到工业级3D打印设备。

从另一方面来讲，工业级3D打印设备代表着最前沿的3D打印技术，在工业机型上新技术总是能最快地转化为生产力以实现商业价值，并反向推动3D打印技术的发展。这样一来，在消费领域，更先进、更好用的3D打印设备也会被更快地推出。

2. 桌面级3D打印设备

桌面级3D打印设备是面向普通大众、教育机构或者爱好者等的设备系统（图1-29）。桌面级3D打印设备目前主要以FDM技术和SLA技术为主，市面上的产品大部分采用FDM技术，采用SLA技术的产品还相对较少。

桌面级3D打印设备对于3D打印的知识普及有很大的推动作用。相对于工业级设备来说，在价格上更加亲民，目前大多数桌面级3D打印设备的售价在2万元人民币左右，一些国内仿制品价格可以低至6 000元，使得这些设备可以走进课堂甚至个人家庭，让更多的人认识3D打印，帮助做好科普工作，实现个人创意（图1-30）。

图1-29　MakerBot第五代桌面级3D打印设备　　　图1-30　桌面级3D打印设备及其产品

但桌面级3D打印设备精度不尽如人意，目前的精度大约为0.1 mm，打印出来的产品有很明显的分层感，而且比较粗糙，相对工业级的可精确到几微米，可以说相去甚远。在可打印材料上，相对于工业级3D打印的涉猎广泛，桌面级3D打印目前能使用的材料还仅限于塑料，因此使用范围非常有限。对于个人家庭用户来说，打印物品前的数据建模和数据转换也是问题。这些桌面级设备普及的障碍也体现在了近年来的销售数据中。桌面级3D打印设备还需要在未来发展上思考更多。

## 1.6.2　3D打印厂商

美国是全球最大的3D打印机生产国和消费国，3D打印产业生态建设完善。表1-1所列为部分全球知名的3D打印厂商。

表1-1 全球知名3D打印厂商

| 企业名称 | 国家 | 主营业务 | 2013年主营业务收入 | 产品线 | 打印技术 | 应用领域 |
|---|---|---|---|---|---|---|
| 3D Systems | 美国 | 3D打印装备、材料、软件、服务等 | 5.13亿美元 | 桌面级和工业级，金属及非金属打印 | 光固化成型（SLA）、选择性激光绕结（SLS）等 | 航空、建筑、艺术、汽车、消费、教育、医疗、珠宝等 |
| Stratasys | 美国 | 3D打印装备、材料、软件、服务等 | 4.84亿美元 | 桌面级和工业级，非金属打印 | 熔融沉积成型（FDM）、PolyJet喷墨技术等 | 航空、汽车、建筑、消费、教育等 |
| ExOne | 美国 | 3D打印装备、产品、软件等 | 3 948万美元 | 工业级，金属及非金属打印 | 混合喷射技术 | 汽车、医疗、航空航天等 |
| Voxeljet | 德国 | 3D打印装备、材料、服务等 | 1 601万美元 | 工业级、非金属打印 | 粉末黏合（Powder Binding） | 汽车、医疗、艺术、电影、科技等 |
| ArcamAB | 瑞典 | 3D打印装备、产品等 | 约1 414万美元 | 工业级，金属打印 | 电子束熔炼（EBM） | 航天航空、骨科医疗等 |
| EOS | 德国 | 3D打印装备、软件等 | 未知 | 工业级，金属打印 | 直接金属激光烧结（DMLS） | 汽车、航天航空、机械零部件等 |

目前中国3D打印技术发展面临诸多挑战，总体处于新兴技术的产业化初级阶段。国内的3D打印主要集中在家电及电子消费品、建筑、教育、模具检测、医疗及牙科正畸、文化创意及文物修复、汽车及其他交通工具、航空航天等领域。2013年4月，科技部公布的《国家高技术研究发展计划（"863"计划）、国家科技支撑计划制造领域2014年度备选项目征集指南》，首次将3D打印产业纳入其中。下面简单介绍中国十大3D打印企业。

➢ 武汉滨湖机电技术产业有限公司

武汉滨湖机电技术产业有限公司，由华中科技大学20世纪80年代的老校长黄树槐先生所创办，是国内最早从事快速成型技术（俗称3D打印）研究的企业之一。目前公司可向社会提供HRPS（基于粉末烧结）、HRPM（基于粉末熔化）、HRPL（基于光固化）、HZK（真空注型）和HRE（三维反求）系列，多种型号的成套快速成型制造系统。

➢ 杭州先临三维科技股份有限公司

杭州先临三维科技股份有限公司，是一家专业提供三维数字化技术综合解决方案的国家火炬计划高新技术企业。公司专注于三维数字化与3D打印技术，融合这两项技术，为制造业、医疗、文化创意、教育等领域的客户创造价值。

➤ 北京隆源自动成型系统有限公司

北京隆源自动成型系统有限公司研发 AFS 系列选区粉末烧结激光快速成型机并取得自主知识产权。公司的 AFS 系列选区粉末烧结激光快速成型机被广泛应用于科研院校、航空航天、船舶兵器、汽车摩托车、家电玩具和医学模型等行业的设计、试制部门。

➤ 北京殷华激光快速成型与模具技术有限公司

北京殷华激光快速成型与模具技术有限公司主要从事快速成型系统，软、硬件，快速制模设备以及专用耗材的开发、生产和销售。公司联合上游的机械产品三维设计软件供应商和下游的真空注型、逆向工程设备厂商，为客户提供全面的产品开发、试制、小批量生产解决方案。

➤ 中航天地激光科技有限公司

中航天地激光科技有限公司为世界五百强企业中航工业集团的成员单位，由中航重机股份有限公司与北京航空航天大学、北京市共同发起设立，负责实施激光快速成型技术的产业化。公司以北京航空航天大学国际领先的大型金属构件激光直接制造技术为基础，依托于北京航空航天大学航空科学与技术国家实验室、大型整体金属构件教育部工程研究中心和北京市大型关键金属构件激光直接制造工程技术研究中心雄厚的研究基础。

➤ 湖南华曙高科技有限责任公司

湖南华曙高科技有限责任公司是一家集研发、生产、销售、服务于一体的高新技术企业，专业从事不同材料产品（包括塑胶、金属、陶瓷等）的 3D 打印（增量制造）技术研究，公司主攻选择性激光烧结设备制造、材料生产和加工服务三项主营业务，服务于汽车、军工、航空航天、机械制造、医疗器械、房地产、动漫、玩具等行业。

➤ 飞而康快速制造科技有限公司

飞而康快速制造科技有限责任公司致力于生产航空级钛合金粉末，同时利用增材制造技术及热等静压技术，近净成形加工复杂部件，并为熔模铸造加工精密模具。产品主要应用于航空航天、汽车、石油化工与天然气行业，也可用于医疗器械、电子器件等行业。

➤ 南京紫金立德电子有限公司

南京紫金立德电子有限公司专业从事 3D 打印机及其耗材的开发、生产、销售，并提供相关服务。产品的应用领域极为广泛，主要包括工业设计、智能制造、高等教育、文化创意、生物医疗、建筑设计等行业。

➤ 陕西恒通智能机器有限公司

陕西恒通智能机器有限公司开发出的激光快速成型机、紫外光快速成型机、真空浇注成型机、三维面扫描抄数机、三维数字散斑动态测量分析系统等 10 种型号 20 余个规格的系列产品以及 9 种型号的配套光敏树脂等多项处于国内领先、国际先进地位的技术成果。公司产品及服务遍及世界各地，已成为集快速成型装备制造及快速原型服务于一体的快速成型行业领军企业。

# 第2章
## 3D 打印技术原理

3D 打印技术突破传统成型方法，通过数字模型与快速成型系统，快速制造出各种形状复杂的原型。3D 打印技术的本质是采用叠加薄形材料制作实体物体，是"增材制造"的主要实现形式。它有几种不同的成型方式，有些成型方式看似没有明显的材料叠加过程，但无论哪种方式，实际上都是通过叠加薄形层面材料的方法来实现 3D 打印的（图 2-1）。

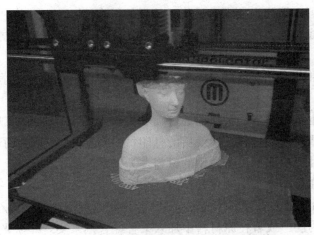

图 2-1　从数模到实物的桌面 3D 打印系统

## 2.1　3D 打印基本原理

想要用 3D 打印技术制作一只小象模型该怎么做呢？首先，要利用三维建模软件建立小象的三维数据模型。其次，将三维数据模型转换成 3D 打印系统可以识别的文件，并进行数据分析，将模型进行切片处理，得到适应打印系统的小象分层截面信息。再次，做好数据处理，3D 打印设备就可以按照数据信息每次制作一层具有一定微小厚度和特定形状的截面，并逐层黏结，层层叠加，最后得到小象模型。整个制造过程在计算机的控制之下，由 3D 打印系统自动完成（图 2-2）。在 3D 打印技术中所使用的成型材料不同，系统的工作原理也有所区别，甚至不同公司制造的同一原理打印系统也略有差异，但其基本原理都是一样的，即"分层制造，逐层叠加"。

这里介绍两种典型的"薄层叠加"方式。一种是原材料自身沉积固化后叠层，另一种通常利用施加外部条件如激光和黏合剂等来黏合原材料固化叠层。

沉积型的叠层方式，其特点在于任何可由喷嘴挤压的原材料都可以进行 3D 打印。带有可沉积材料的喷嘴根据物体的截面信息在工作台上勾勒出物体的截面轮廓，原材料通过注射、喷洒或挤压的方式一层层地沉积固化，喷嘴沿着一系列水平或垂直轨道移动运行，逐层填充物体轮廓，最终完成实体制造，这实际上就是 FDM 成型方式。这类方式所用的原材料可以是遇到工作台就会固化的软塑料、原始的饼干面团或者特殊医疗凝胶里的活细胞。

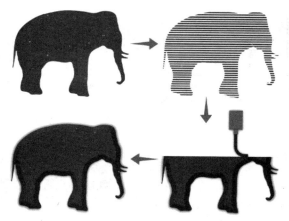

图 2 - 2　从数模到实物的过程

这种方法的优点在于：

①其打印技术可以简化为技术含量相对较低的版本。

②简化版本的成本低，可使用的材料范围广，任何可以通过喷嘴挤压的原材料都可以进行 3D 打印。

③运行安静，并使用相对低温打印头，操作较为安全，是家庭、学校或者办公室使用的理想选择。

但其主要缺点也正来源于这种只能通过喷嘴挤出或挤压材料的成型方式，它只能打印可以通过打印头挤出或挤压的材料，所使用的打印材料有局限性，限制了它的应用范围。目前市场上大部分选择性沉积成型设备使用的材料是为其特制的一种塑料，做成卷筒状将末端直接连接打印设备，在打印设备中融化并挤出。

"黏合叠层"的典型方式是立体光刻（SL），通常是利用激光将热/光固化粉末和光敏聚合物等融化或凝固为层，或者在原材料中加入某种黏合剂来实现。激光束在液体聚合物表面沿着物体轮廓扫描，这些特殊的聚合物是光敏材料，当其暴露于 UV 光线下，就会固化。激光扫描遵循所打印物体的轮廓和截面逐层进行，一层固化成型完毕，可移动工作台下沉将已成型部分下沉一定的厚度，新一层的原材料覆盖在已成型部分的顶部，继续扫描固化，部件就会一层层地逐渐叠加成型。这种成型方式需要进行后处理，包括多余材料的去除、表面处理，甚至进一步固化等。

这种方法的优势在于激光作业迅速、精确，多束激光可并行工作，分辨率比挤压式 3D 打印头更高。随着光敏聚合物原材料质量的提升，其应用范围也在不断地扩大。缺点在于光敏聚合物产品的耐用性并不好，且价格昂贵，再者这类成型设备的成本也较高。

选择性激光烧结（SLS）使用的技术与 SL 类似，所不同的是其成型材料并非液态光敏聚合物而是粉末材料。这种方法的优势在于未熔化的粉末可作为产品的内部支撑，某些情况下，未使用的松散粉末还可以回收再利用。另一个优点是，很多原材料都可以制成粉末的形式，比如尼龙、钢、青铜和钛等，因此粉末材料应用的范围也更加广泛。但这种方法制造的物体表面往往不光滑、多孔，也不能同时打印不同类型的粉末，粉末处理不当，还有爆炸的危险。SLS 成型是高温过程，产品"打印"完成后需要冷却，视打印层的尺寸和厚度不同，有的物体甚至需要一整天的冷却时间。

## 2.2　3D打印工艺流程

3D打印从设计到分析再到制造生产的整个流程如图2-3所示。

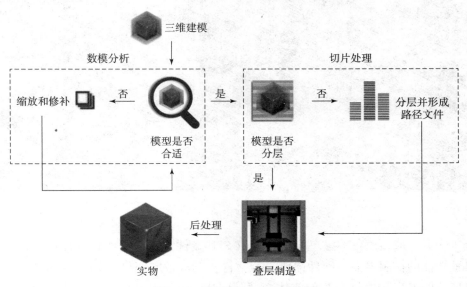

图2-3　3D打印成型实施流程

### 2.2.1　三维建模

　　3D打印制造过程的开始和普通打印机一样，也需要一个打印源文件，有了这个数字模型文件，才能进行下一步的工作。3D打印的数据模型源文件一般都是由3D制图或建模软件绘制的，属于软件生成的矢量模型（图2-4）。通过实体建模，将人们对产品的创意落实成为第三人或机器可以理解的形式，是将创意转化为实物的第一步。三维模型设计好后，还要进行分析检查，看模型是否适合进行"打印"，需不需要进行表面平滑处理和瑕疵修正等。

### 2.2.2　切片处理

　　3D模型必须经由两个软件的处理才能完成"打印程序"：切片与传送。切片软件会将模型细分成可以打印的薄度，然后计算其打印路径，也就是得到分层截面信息，从而指导成型设备逐层制造。

　　设计模型文件转换为STL格式文件后，STL将设计对象的数字形状转化为由成千上万个连锁多边形组成的"网格"所构成的虚拟表面。STL文件格式是设计软件和成型系统之间协作的标准文件格式，它的作用是将设计的复杂细节转换为直观的数字形式。一个STL文件使用三角面来近似模拟物体的表面，三角面越小其生成的表面分辨率越高，STL文件的每个虚拟切片都反映着最终打印物体的一个横截面。STL文件准备就绪，连接CAD和CAM的桥

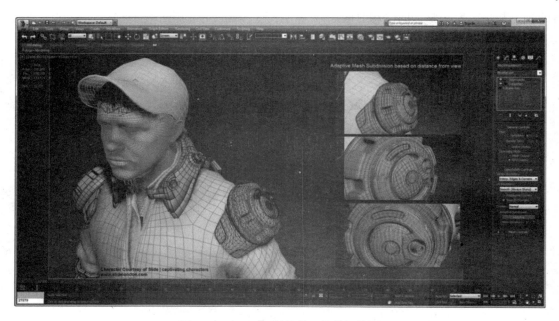

图 2 - 4　3DMAX 制作的三维数据模型

梁就已基本完成。成型设备的客户端软件读取 STL 文件，并将这些数据传送至硬件，并提供控制其他功能的控制界面。硬件读取 STL 文件，读取数字网格"切"成虚拟的薄层，这些薄层对应着即将实际"打印"的实体薄层。切片、传送等功能多合一，即切片引擎功能一体化，似乎会成为 3D 打印设备前端软件不可避免的趋势。目前常用的切片软件有 Slic3r、Skeinforge、KISSlicer、Custom Open、Cura、magics 等。

### 2.2.3　叠层制造

收到控制命令后，物理"打印"过程就可以开始了。"打印"设备全程自动运行，根据不同的成型原理，在"打印"进行并持续的过程中，会得到一层层的截面实体并逐层黏结，这样完整实体就一层层地"生长"出来了，直至整个实体制造完毕。

### 2.2.4　后处理

由于成型原理不同，经"打印"成型的实体有时还需要进一步的后处理，如去除支撑、打磨、组装、拼接、上色喷漆或二次固化等，以提高制品的质量。后处理之后，就可以得到原本的创意产品。

## 2.3　3D 打印工艺类型

根据成型原理的不同，3D 打印技术可以分为很多种类（表 2 - 1）。每种成型技术的具体原理都不一样，这与所用的成型材料和固化方式有关，但核心成型方法都是想办法根据数据模型制造出一层物体，然后逐层叠加，直至制造出整个三维物理实体。现在市面上比较成熟的主流快速成型技术有 SLA、SLS、FDM、3DP 和 LOM 等。

表 2 - 1　3D 打印技术按成型原理分类

| 成型原理 | 技术名称 |
| --- | --- |
| 高分子聚合反应 | 立体光固化成型（Stereo Lithography Apparatus，SLA）技术 |
| | 高分子打印（Polymer Printing）技术 |
| | 高分子喷射（Polymer Jetting）技术 |
| | 数字化光照加工（Digital Lighting Processing，DLP）技术 |
| 烧结和熔化 | 选择性激光烧结（Selective Laser Sintering，SLS）技术 |
| | 选择性激光熔化（Selective Laser Melting，SLM）技术 |
| | 电子束熔化（Electron Beam Melting，EBM）技术 |
| 熔融沉积 | 熔融沉积成型（Fused Deposition Modeling，FDM）技术 |
| 层压制造 | 层压制造（Layer Laminate Manufacturing，LLM）技术 |
| 叠层实体制造 | 叠层实体制造（Laminated Objet Manufacturing，LOM）技术 |

## 2.3.1　立体光固化成型（SLA）技术

SLA 是最早实用化的光固化快速成型技术。它利用具有特定波长与强度的激光在计算机的控制下，由预先得到的零件分层截面信息以分层截面轮廓为轨迹连点扫描液态光敏树脂，被扫描区域的树脂薄层发生光聚合反应，从而形成零件的一个薄层截面实体，然后移动工作台，在已固化好的树脂表面再敷上一层新的液态树脂，进行下一层扫描固化，如此重复直至整个零件原型制造完毕（图 2 - 5）。

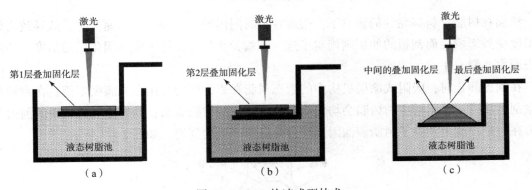

图 2 - 5　SLA 快速成型技术

SLA 技术主要用于制造多种模具、模型等，还可以在原料中加入其他成分，用 SLA 原型模代替熔模精密铸造中的蜡模。美国 3D Systems 公司最早推出这种工艺及其相关设备系统。这项技术的特点是成型速度快，精度和光洁度高，但是由于树脂固化过程中产生收缩，不可避免地会产生应力或形变，运行成本太高，后处理比较复杂，对操作人员的要求也较

高，更适合用于验证装配设计过程。

### 2.3.1.1 光固化快速成型工艺的基本原理和特点

光固化快速成型工艺的原理如图2-6所示，液槽中先盛满了液态光敏树脂，在控制系统的控制下氦-镉激光器或氩离子激光器发出的紫外激光束按零件的各分层截面信息在光敏树脂表面进行逐点扫描，使被扫描区域的树脂薄层产生光聚合反应而固化，形成零件的一个薄层；当一层固化完毕后，未被激光照射的地方仍是液态树脂，随后工作台下移一个层厚的距离，以使在原先固化好的树脂表面再敷上一层新的液态树脂，刮板将黏度较大的树脂液面刮平，继续进行下一层的扫描加工，新固化的一层牢固地黏结在前一层上，如此重复直至整个零件制造完毕，就获得了三维实体原型；最后还需要将三维实体原型上多余的树脂排净并去除支撑，进行清洗，并将实体原型放在紫外激光下进行整体的后固化处理。

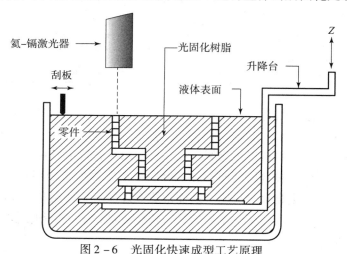

图2-6 光固化快速成型工艺原理

液面在树脂材料高黏性的影响下，很难在短时间内使每层固化后迅速流平，这导致实体的精度受到影响，而刮板的使用则规避了这一弊端，很好地保证了实体固化后的精度，使制件表面更光滑、平整。

在刮板静止时，吸附式涂层机构中的液态树脂在表面张力作用会充满吸附槽；在刮板进行涂刮运动时，吸附槽中的树脂会均匀涂敷到已固化的树脂表面；同时涂层机构中的前刃和后刃在一定程度上消除了树脂表面因工作台升降所产生的气泡，如图2-7所示。

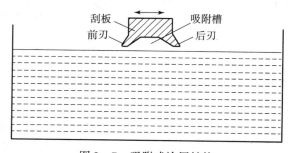

图2-7 吸附式涂层结构

### 2.3.1.2 光固化快速成型材料及设备

光固化成型材料的性能将制约成型件的质量及成本、机械性能、精度等，因此，成型材料的选择是 SLA 的关键问题之一。

**1. 光固化快速成型材料**

1）光固化快速成型材料优点及分类

作为一种既古老又崭新的材料，光固化成型材料与一般固化成型材料相比具有以下优点：

①固化快，可在几秒钟内固化，可应用于即时固化的场合；

②无须加热，可适用于不能耐热的塑料、光学、电子零件；

③可制备无溶剂产品，很好地规避了使用溶剂涉及的环境问题和审批手续问题；

④节省能量，各种光源的效率都高于烘箱；

⑤可使用单组分，无配置问题，使用周期长；

⑥可实现自动化固化操作，提高生产效率和经济效益。

光固化树脂材料中主要包括齐聚物、反应性稀释剂及光引发剂。根据光引发剂的引发机理，光固化树脂可以分为三类，见表 2-2。

**表 2-2 光固化树脂的分类及特性**

| 类型 | 特性 |
| --- | --- |
| 自由基光固化树脂 | 环氧树脂丙烯酸酯，该类材料聚合快、原型强度高，但脆性大且易泛黄 |
| | 聚酯丙烯酸酯，该类材料流平性和固化质量较好，性能可调范围大 |
| | 聚氨酯丙烯酸酯，该类材料制造的原型柔顺性和耐磨性好，但聚合速度慢 |
| 阳离子光固化树脂 | 环氧树脂是最常用的阳离子型齐聚物 |
| | 固化收缩小，自由基光固化树脂的预聚物丙烯酸酯的固化收缩率为 5%~7%，而预聚物环氧树脂的固化收缩率仅为 2%~3% |
| | 产品精度高、黏度低、生坯件强度高，产品可直接用于注塑模具 |
| | 阳离子聚合物是活性聚合，光熄灭后可继续聚合且不受氧气的阻聚作用 |
| 混杂型光固化树脂 | 进行阳离子开环聚合时，环状聚合物体积收缩很小甚至会产生膨胀，而自由基体系总有明显的收缩 |
| | 系统中有碱性杂质时，阳离子聚合的诱导期较长，而自由基聚合的诱导期较短，混杂型体系可以提供诱导期短而聚合速度稳定的聚合系统 |
| | 混杂体系能克服光照消失后自由基迅速失活而使聚合终结的缺点 |

2）液态光敏树脂的组成及其光固化特性分析

（1）液态光敏树脂的组成。

用于光固化成型的材料为液态光敏树脂，主要由齐聚物、光引发剂、稀释剂组成。其中齐聚物是光敏树脂的主体，是一种含有不饱和官能团的基料，可很快地聚合长大成为固体；

光引发剂是激发光敏树脂交联反应的特殊基团，可决定光敏树脂的固化程度和固化速度；稀释剂是一种功能性单体，可调节齐聚物的黏度，但不易挥发，并可参加聚合。

光敏树脂中的光引发剂被光源（特定波长的紫外光或激光）照射吸收能量后会产生自由基或阳离子使单体和活性齐聚物活化，然后发生连锁反应生成高分子固化物。一般来说，齐聚物和稀释剂的分子上都含有两个以上可以聚合的双键或环氧基团，因此聚合得到的不是线性聚合物，而是一种交联的体形结构，其过程可简单地表示为：

$$PI(光引发剂)\xrightarrow[\text{或激光}]{\text{紫外光}} P*(活性种)$$

$$齐聚物 + 单体 \xrightarrow{P*} 交联高分子固体$$

（2）液态光敏树脂的光固化特性分析。

液态光敏树脂受激光照射将向固态转变，达到一种液态和固态之间的临界状态（凝胶态），此时，黏度无限大，模量（$Y$）为零。当曝光量低于值 $E_c$ 时，由于氧的阻聚作用，光引发剂与空气中的氧发生作用，而不与单体作用，液态树脂就无法固化，故激光的曝光量（$E$）必须超过一定的阈值（$E_c$）。当曝光量超过该值后，树脂的模量按负指数规律向该树脂的极限模量逼近，模量与曝光量的关系为：

$$Y(E) = \begin{cases} 0, & E < E_c \\ Y_{\max}\left(1 - \exp\left[-\beta\left(\dfrac{E}{E_c} - 1\right)\right]\right), & E \geq E_c \end{cases}$$

$$\beta = K_P E_c / Y_{\max}$$

式中，$\beta$ 为树脂的模量 – 曝光量常数；$Y_{\max}$ 为树脂的极限模量；$E_c$ 为树脂的临界曝光量；$K_P$ 为比例常数。

激光快速成型系统中所用的光源为一种单色光，具有单一的波长，因此，式中的 $E_c$ 和 $\beta$ 均为常数。液态光敏树脂对它的吸收一般符合 Beer – Lambert 规则，即激光的能量沿照射深度成负指数衰减，如图 2 – 8 所示。

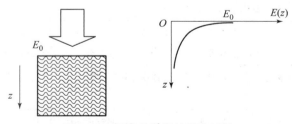

图 2 – 8　树脂对激光的吸收特性

3）光固化快速成型材料介绍

根据工艺和原型的使用要求，光固化成型材料需要具有黏度低、流平快、固化速度快、固化收缩小、溶胀小、毒性小等性能特点。下面将对 Vantico 公司、3D Systems 公司以及 DSM 公司的光固化成型材料的性能、适用场合以及选择方案等进行介绍。

（1）Vantico 公司的 SL 系列。

Vantico 公司针对 SLA 工艺提供了不同的使用性能和要求情况下的 SL 系列光固化树脂材

料，其选择方案见表 2-3，而表 2-4 则给出了 SLA5000 系统使用的几种树脂材料的性能指标。

表 2-3　Vantico 公司光固化快速成型系统的光固化成型材料选择方案

| 指标<br>SLA 系统 | 成型效率 | 成型精度 | 类聚丙烯 | 类 ABS | 耐高温 | 颜色 |
|---|---|---|---|---|---|---|
| SLA190<br>SLA250 | SL 5220 | SL 5170 | SL 5240 | SL 5260 | SL 5210 | SL H－C 9100 |
| SLA500 | SL 7560 | SL 5410<br>SL 5180 | SL 5440 | SL 7560 | SL5430 | |
| Viper si2 | SL 5510 | SL 5510 | SL 7540<br>SL 7545 | SL 7560<br>SL 7565 | SL 5530 | SL Y－C 9300 |
| SLA350<br>SLA3500 | SL 5510<br>SL 7510 | SL 5510<br>SL 5190 | SL 7540<br>SL 7545 | SL 7560<br>SL 7565 | SL 5530 | SL Y－C 9300 |
| SLA5000 | SL 5510<br>SL 7510 | SL 5510<br>SL 5195 | SL 7540<br>SL 7545 | SL 7560<br>SL 7565 | SL 5530 | SL Y－C 9300 |
| SLA7000 | SL 7510<br>SL 7520 | SL 7510<br>SL 7520 | SL 7540<br>SL 7545 | SL 7560<br>SL 7565 | SL 5530 | SL Y－C 9300 |

注：材料 SL 5170、SL 5180、SL 5190 和 SL 5195 不适于高湿度场合。

表 2-4　SLA5000 系统使用的几种树脂材料的性能指标

| 型号<br>指标 | SL 5195 | SL 5510 | SL 5530 | SL 7510 | SL 7540 | SL 7560 | SLY－C9300 |
|---|---|---|---|---|---|---|---|
| 外特性 | 透明光亮 | 透明光亮 | 透明光亮 | 透明光亮 | 透明光亮 | 白色 | 透明 |
| 密度/(g·cm$^{-3}$) | 1.16 | 1.13 | 1.19 | 1.17 | 1.14 | 1.18 | 1.12 |
| 黏度/cP[①]（30 ℃） | 180 | 180 | 210 | 325 | 279 | 200 | 1 090 |
| 固化深度/mil[②] | 5.2 | 4.1 | 5.4 | 5.5 | 6.0 | 5.2 | 9.4 |
| 临界照射强度/(mW·cm$^{-2}$) | 13.1 | 11.4 | 8.9 | 10.9 | 8.7 | 5.4 | 8.4 |
| 肖氏硬度/HSD | 83 | 86 | 88 | 87 | 79 | 86 | 75 |
| 抗拉强度/MPa | 46.5 | 77 | 56~61 | 44 | 38~39 | 42~46 | 45 |
| 拉伸模量/MPa | 2 090 | 3 296 | 2 889~<br>3 144 | 2 206 | 1 538~<br>1 662 | 2 400－<br>2 600 | 1 315 |
| 弯曲强度/MPa | 49.3 | 99 | 63~87 | 82 | 48~52 | 83~104 | |
| 弯曲模量/MPa | 1 628 | 3 054 | 2 620~<br>3 240 | 2 455 | 1 372~<br>1 441 | 2 400~<br>2 600 | |
| 延伸率 | 11% | 5.4% | 3.8%~<br>4.4% | 13.7% | 21.2%~<br>22.4% | 6%~15% | 7% |
| 冲击韧性/(J·m$^{-2}$) | 54 | 27 | 21 | 32 | 38.4－45.9 | 28.44 | |

续表

| 型　号　指　标 | SL 5195 | SL 5510 | SL 5530 | SL 7510 | SL 7540 | SL 7560 | SLY - C9300 |
|---|---|---|---|---|---|---|---|
| 玻璃化转变温度/℃ | 67~82 | 68 | 79 | 63 | 57 | 60 | 52 |
| 热胀率/($\times 10^{-6} \cdot$℃$^{-1}$) | 108($T<T_g$)<br>189($T>T_g$) | 84($T<T_g$)<br>182($T>T_g$) | 76($T<T_g$)<br>152($T>T_g$) | | 181($T<T_g$) | | |
| 热传导率/(W$\cdot$m$^{-1}\cdot$K$^{-1}$) | 0.182 | 0.181 | 0.173 | 0.175 | 0.159 | | |
| 固化后密度/(g$\cdot$cm$^{-3}$) | 1.18 | 1.23 | 1.25 | | 1.18 | 1.22 | 1.18 |

注：①1 cP（厘泊）= $10^{-3}$ Pa$\cdot$s。

②1 mil（密耳）= 0.025 4 mm。

（2）3D Systems 公司的 ACCURA 系列。

3D Systems 公司的 ACCURA 系列光固化成型材料主要有用于 SLA Viper si2、SLA3500、SLA5000 和 SLA7000 系统的 ACCUGENTM、ACCUDURTM、SI10、SI20、SI30、SI40 Nd 系列型号和用于 SLA250、SLA500 系统的 SI40 Hc & AR 型号等，部分 3D Systems 公司的 ACCURA 系列材料的性能如表 2-5 所示。

表 2-5　部分 3D Systems 公司的 ACCURA 系列材料的性能

| 型　号　指　标 | ACCURA10 | ACCURA40 Nd | ACCURA50 | ACCURA60 | ACCURA BLUESTONE | ACCURA ClearVue |
|---|---|---|---|---|---|---|
| 外特性 | 透明光亮 | 透明光亮 | 非透明自然色或灰色 | 透明光亮 | 非透明光亮 | 透明光亮 |
| 固化前后密度/(g$\cdot$cm$^{-3}$) | 1.16/1.21 | 1.16/1.19 | 1.14/1.21 | 1.13/1.21 | 1.70/1.78 | 1.1/1.17 |
| 黏度/cP（30 ℃） | 485 | 485 | 600 | 150~180 | 1 200~1 800 | 235~260 |
| 固化深度/mil | 6.3~6.9 | 6.6~6.8 | 4.5 | 6.3 | 4.1 | 4.1 |
| 临界照射强度/(mW$\cdot$cm$^{-2}$) | 13.8~17.7 | 20.1~21.7 | 9.0 | 7.6 | 6.9 | 6.1 |
| 抗拉强度/MPa | 62~76 | 57~61 | 48~50 | 58~68 | 66~68 | 46~53 |
| 延伸率 | 3.1%~5.6% | 4.8%~5.1% | 5.3%~15% | 5%~13% | 1.4%~2.4% | 1.4%~2.4% |
| 拉伸模量/MPa | 3 048~3 532 | 2 628~3 321 | 2 480~2 690 | 2 690~3 100 | 7 600~11 700 | 2 270~2 640 |
| 弯曲强度/MPa | 89~115 | 92.8~97 | 72~77 | 87~101 | 124~154 | 72~84 |
| 弯曲模量/MPa | 2 827~3 186 | 2 618~3 044 | 2 210~2 340 | 2 700~3 000 | 8 300~9 800 | 1 980~2 310 |
| 冲击韧性/(J$\cdot$m$^{-2}$) | 14.9~27.7 | 22.3~29.9 | 16.5~28.1 | 15~25 | 13~17 | 40~58 |
| 玻璃化转变温度/℃ | 62 | 62.5 | 62 | 58 | 71~83 | 62 |
| 热胀率/($\times 10^{-6}\cdot$℃$^{-1}$) | 64/170 | 87/187 | 73/164 | 71/153 | 33~44/81~98 | 122/155 |
| 肖氏硬度/HSD | 86 | 84 | 86 | 86 | 92 | 80 |

（3）3D Systems 公司的 RenShape 系列。

3D Systems 公司研制的 RenShape SLA7800 树脂主要面向成型精确及耐久性要求较高的光固化快速原型。RenShape SLA7810 树脂与 RenShape SLA7800 树脂的用途类似，制作的模型性能类似于 ABS，用于制作尺寸稳定性较好的高精度、高强度模型。RenShape SLA7820 树脂固化后的模型颜色为黑色，适于制作消费品包装、电子产品外壳及玩具等。RenShape SLA7840 树脂固化后的模型呈象牙白色，适用于尺寸较大的概念模型。RenShape SLA7870 树脂制作的模型强度与耐久性都较好，透明性优异，适于制造高质量的熔模铸造的母模、大尺寸物理性能与力学性能都较好的透明模型或制件等。上述 3D Systems 公司的 RenShape 系列材料的性能如表 2-6 所示。

表 2-6 部分 Systems 公司的 RenShape 系列材料的性能

| 型号 指标 | RenShape SLA7800 | RenShape SLA7810 | RenShape SLA7820 | RenShape SLA7840 | RenShape SLA7870 |
|---|---|---|---|---|---|
| 外特性 | 透明琥珀色 | 白色 | 黑色 | 白色 | 透明 |
| 固化前后密度/(g·cm$^{-3}$) | 1.12/1.15 | 1.13/1.16 | 1.13/1.16 | 1.13/1.16 | 1.13/1.16 |
| 黏度/cP（30 ℃） | 205 | 210 | 210 | 270 | 180 |
| 固化深度/mil | 5.7 | 5.6 | 4.5 | 5.0 | 7.2 |
| 临界照射强度/(mW·cm$^{-2}$) | 9.51～9.98 | 9.9 | 10.0 | 15 | 10.6 |
| 抗拉强度/MPa | 41～47 | 36～51 | 36～51 | 36～45 | 38～42 |
| 延伸率 | 10%～18% | 10%～20% | 8%～18% | 11%～17% | 10%～12% |
| 拉伸模量/MPa | 2 075～2 400 | 1 793～2 400 | 1 900～2 400 | 1 700～2 200 | 1 930～2 020 |
| 弯曲强度/MPa | 69～74 | 59～69 | 59～80 | 65～80 | 65～71 |
| 弯曲模量/MPa | 2 280～2 650 | 1 897～2 400 | 2 000～2 400 | 1 600～2 200 | 1 980～2 310 |
| 冲击韧性/(J·m$^{-2}$) | 37～58 | 44.4～48.7 | 42～48 | 37～60 | 45～61 |
| 玻璃化转变温度/℃ | 57 | 62 | 62 | 58 | 56 |
| 热胀率/(×10$^{-6}$·℃$^{-1}$) | 100 | 96 | 93 | 100 | |
| 肖氏硬度/HSD | 87 | 86 | 86 | 86 | 86 |

（4）DSM 公司的 SOMOS 系列。

DSM 公司的 SOMOS 系列环氧树脂主要是面向光固化成型开发的系列材料，部分型号的性能及主要指标如表 2-7 所示。

表 2-7 DSM 公司部分 SOMOS 系列材料的性能

| 型号 指标 | 20L | 9110 | 9120 | 11120 | 12120 |
|---|---|---|---|---|---|
| 外特性 | 灰色不透明 | 透明琥珀色 | 灰色不透明 | 透明 | 透明光亮 |
| 密度/(g·cm$^{-3}$) | 1.6 | 1.13 | 1.13 | 1.12 | 1.15 |

| 指 标 ＼ 型号 | 20L | 9110 | 9120 | 11120 | 12120 |
|---|---|---|---|---|---|
| 黏度/cP（30 ℃） | 2 500 | 450 | 450 | 260 | 550 |
| 固化深度/mm | 0.12 | 0.13 | 0.14 | 0.16 | 0.15 |
| 临界曝光量/（mJ·cm$^{-2}$） | 6.8 | 8.0 | 10.9 | 11.5 | 11.8 |
| 肖氏硬度/HSD | 92.8 | 83 | 80~82 | | 85.3 |
| 抗拉强度/MPa | 78 | 31 | 30~32 | 47.1~53.6 | 70.2 |
| 拉伸模量/MPa | 10 900 | 1 590 | 1 227~1 462 | 2 650~2 880 | 3 520 |
| 弯曲强度/MPa | 138 | 44 | 41~46 | 63.1~74.2 | 109 |
| 弯曲模量/MPa | 9 040 | 1 450 | 1 310~1 455 | 2 040~2 370 | 3 320 |
| 延伸率 | 1.2% | 15%~21% | 15%~25% | 11%~20% | 4% |
| 冲击韧性/（J·m$^{-2}$） | 14.5 | 55 | 48~53 | 20~30 | 11.5 |
| 玻璃化转变温度/℃ | 102 | 50 | 52~61 | 45.9~54.5 | 56.5 |
| 适用性 | 可制作高强度、耐高温的零部件 | 制作坚韧、精确的功能零件 | 制作硬度和稳定性有较高要求的组件 | 制作耐用、坚硬、防水的功能零件 | 能制作高强度、耐高温、防水的功能零件，外观呈樱桃红色 |

**2. 光固化快速成型设备**

20 世纪 70 年代末到 80 年代初期，各地的研究学者在不同的地点各自独立地提出了 RP 的概念，即利用连续层的选区固化产生三维实体的新思想。其中，Charles Hull 在 UVP 的继续支持下，完成了一个能自动建造零件的称为 SLA－1 的完整系统。Charles Hull 和 UVP 的股东们一起创建了 3D Systems 公司，并于 1988 年首次推出 SLA250 机型，如图 2－9 所示。

目前，国内外有很多研究光固化快速成型设备的企业，其中美国 3D Systems 公司的 SLA 技术在国际市场上的占比最大，它不断地推出新的机型，在光固化快速成型设备技术方面有了长足的进步。其中，SLA3500（图 2－10）和 SLA5000（图 2－11）使用半导体激励的固体激光器，扫描速度分别达到 2.54 m/s 和 5 m/s，成层厚最小可达 0.05 mm。而该公司在 1999 年推出的 SLA7000 机型（图 2－12）与 SLA5000 机型相比，成型体积虽然大致相同，但其扫描速度却达 9.52 m/s，平均成型速度提高了 4 倍，成型层厚最小可达 0.025 mm，精度提高了一倍。3D Systems 公司推出的较新的机型还有 Viper si2 SLA（图 2－13）机型及 Viper Pro SLA 机型（图 2－14）。

图 2 - 9　3D Systems 公司的 SLA250 机型

图 2 - 10　3D Systems 公司的 SLA3500 机型

图 2 - 11　3D Systems 公司的 SLA5000 机型

图 2 - 12　3D Systems 公司的 SLA7000 机型

图 2 - 13　3D Systems 公司的 Viper si2 SLA 机型

图 2 - 14　3D Systems 公司的 Viper Pro SLA 机型

而国内西安交通大学在光固化快速成型技术、设备、材料等方面也进行了大量的研究工作，推出了自行研制与开发的 SPS、LPS 和 CPS 三种机型，其中 SPS600 和 LPS600 成型机如图 2 − 15 和图 2 − 16 所示。

图 2 − 15　SPS600 成型机　　　　　　　　图 2 − 16　LPS600 成型机

上海联泰科技有限公司开发的光固化快速成型设备主要有 RS − 350H、RS − 350S、RS − 600H 和 RS − 600S（图 2 − 17）等机型。

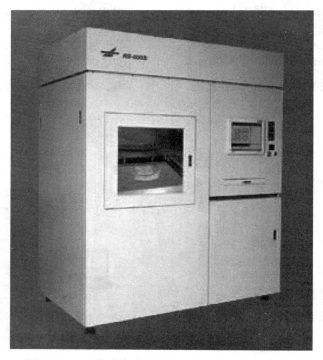

图 2 − 17　上海联泰公司的 RS − 600S 光固化成型机

目前国内外部分光固化快速成型设备的特性参数如表 2 − 8 所示。

表2-8　国内外部分光固化快速成型设备的特性参数

| 国别 | 生产单位 | 型号 | 加工尺寸/(mm×mm×mm) |
|---|---|---|---|
| 美国 | 3D Systems | SLA190 | 190×190×250 |
| | | SLA250/HR | 254×254×254 |
| | | SLA350 | 350×350×350 |
| | | SLA500 | 508×508×610 |
| | | SLA3500 | 350×350×400 |
| | | SLA5000 | 508×508×584 |
| | | SLA700 | 508×508×600 |
| | | Viper si2 SLA | 250×250×250 |
| 日本 | NTT DATA&CMET | SOUP-250GH | 250×250×250 |
| | | SOUP-400 | 400×400×400 |
| | | SOUPII-600GS | 600×600×500 |
| | | SOUP-850PA | 600×850×500 |
| | | SOUP-10000GS/GA | 1 000×800×500 |
| | SONY/D-MEC | SCS-300 | 300×300×270 |
| | | SCS-1000HD | 300×300×270 |
| | | JSC-2000 | 500×600×500 |
| | | JSC-3000 | 1 000×800×500 |
| | Teijin Seiki | Soliform-250A | 250×250×250 |
| | | Soliform-250B | 250×250×250 |
| | | Soliform-300 | 300×300×300 |
| | | Soliform-500B | 500×500×500 |
| | Denken Engineering | SLP-4000R | 200×150×150 |
| | | SLP-5000 | 220×200×225 |
| | Meiko | LC-510 | 100×100×60 |
| | | LC-315 | 160×120×100 |
| | Unirapid | URII-HP1501 | 150×150×150 |
| 德国 | EOS | STEREOS DESKTOP | 250×250×250 |
| | | STEREOS MAX-400 | 400×400×400 |
| | | STEREOS MAX-600 | 600×600×600 |
| | F&S | LMS | 450×450×350 |
| 以色列 | Cubital | Solider4600 | 356×356×356 |
| | | Solider5600 | 356×508×508 |

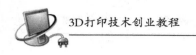

| 国别 | 生产单位 | 型号 | 加工尺寸/（mm×mm×mm） |
|---|---|---|---|
| 中国 | 西安交通大学 | SPS250、LPS250 | 250×250×250 |
| | | SPS350、LPS350 | 350×350×350 |
| | | SPS600、LPS600 | 600×600×500 |
| | | CPS250 | 250×250×250 |
| | | CPS350 | 350×350×350 |
| | | CPS500 | 500×500×500 |
| | 上海联泰科技有限公司 | RS－350H、RS－350S | 350×350×300 |
| | | RS－600H | 600×600×500 |
| | | RS－600S | 600×600×400 |

### 2.3.1.3 光固化快速成型工艺的过程

光固化快速原型的制作一般可以分为前处理、原型制作和后处理三个阶段。

**1. 前处理**

前处理主要是对原型的 CAD 模型进行数据转换、确定摆放方位、施加支撑和切片分层的过程，实际上就是为原型的制作准备数据。下面以某一小手柄的制作为例来介绍光固化快速原型制作的前处理过程。

（1）CAD 三维造型。

CAD 模型的最好表示即三维实体造型，这也是光固化快速原型制作必需的原始数据源，可以在各种 CAD 软件上实现，图 2－18（a）给出的就是小手柄在 UG NX2.0 上的三维造型。

（2）数据转换。

数据转换是对产品 CAD 模型的近似处理，主要是生成 STL 格式的数据文件，实际上就是采用若干小三角形片来逼近模型的外表面，如图 2－18（b）所示。

（3）确定摆放方位。

摆放方位的确定需要综合考虑制作时间和效率、后续支撑的施加以及原型的表面质量等因素。一般为了缩短原型制作时间并提高制作效率，将尺寸最小的方向作为叠层方向；有时为了提高原型制作质量以及提高某些关键尺寸和形状的精度，将最大的尺寸方向作为叠层方向摆放；有时为了减少支撑量、节省材料并方便后处理，也会采用倾斜摆放。而小扳手尺寸较小，为了保证轴部外径以及内孔尺寸的精度，选择直立摆放，同时考虑到支撑作用，小手柄的大端朝下摆放，如图 2－18（c）所示。

（4）施加支撑。

施加支撑是光固化快速原型制作前处理阶段的重要工作，这一工作的好坏直接影响原型制作的成功与否，可以手工进行，也可以软件自动实现。但软件自动实现的一般都要经过人工的核查，进行必要的修改和删减。目前，为了便于在后续处理中支撑的去除及获得优良的表面质量，比较先进的支撑类型为点支撑，即支撑与需要支撑的模型面之间为点接触，图2-18（d）示意的就是点支撑。

（a）　　　　　　　　　　　　　　（b）

（c）　　　　　　　　　　　　　　（d）

图2-18　光固化快速原型前处理

（a）CAD三维原始模型；（b）CAD模型的STL数据模型；（c）模型的摆放方位；（d）模型施加支撑

光固化快速成型制作中支撑是与原型同时进行的，支撑结构除了确保原型的每一结构部分都能可靠固定之外，还有助于减少原型在制作过程中发生的翘曲变形。从图2-19可知，为了成型完毕后能方便地从工作台上取下原型，不使原型损坏，在原型的底部也设计并制作了支撑结构。

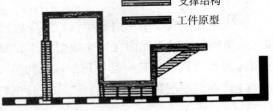

图2-19　支撑结构示意图

图2-20为一些常用的支撑结构。其中，斜支撑主要用于支撑悬臂结构部分，在成型过程中为悬臂提供支撑，同时约束悬臂的翘曲变形；直支撑主要用于支撑腿部结构；腹板主要用于大面积的内部支撑；十字壁板则主要用于孤立结构部分的支撑。

（5）切片分层。

支撑施加完毕后，根据设备系统设定的分层厚度沿着高度方向进行切片，生成RP系统需求的SLC格式的层片数据文件，提供给光固化快速原型制作系统，进行原型制作。图2-21给出的是小手柄的光固化原型。

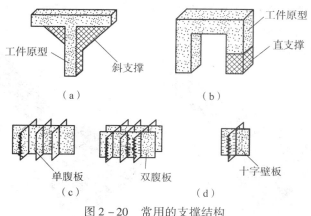

图 2 – 20　常用的支撑结构

（a）斜支撑；（b）直支撑；（c）腹板；（d）十字壁板

## 2. 原型制作

光固化快速成型过程是在专用的光固化快速成型设备系统上进行的。在原型制作前，需要提前启动光固化快速成型设备系统并启动原型制作控制软件，读入前处理生成的层片数据文件；而在模型制作前，需调整工作台网板的零位与树脂液面的位置关系，确保支撑与工作台网板的稳固连接。整个叠层的光固化过程都由软件系统自动控制，叠层制作完毕后，系统自动停止。图 2 – 22 给出的是 SPS600 光固化快速成型设备在进行光固化叠层制作时的界面，界面显示了激光能源、激光扫描速度、原型几何尺寸、总叠层数、目前正在固化的叠层、工作台升降速度等信息。

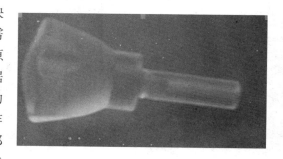

图 2 – 21　手柄的光固化快速原型

## 3. 后处理

在快速成型系统中原型叠层制作完毕后，需要进行剥离等后续处理工作，以便去除废料和支撑结构等。对于光固化快速成型方法成型的原型，还需要进行后固化处理等，下面以某一 SLA 原型为例给出其后续处理的步骤和过程，如图 2 – 23 所示。

（1）原型叠层制作结束后，工作台升出液面，停留 5 ~ 10 min，晾干多余的树脂，如图 2 – 23（a）所示；

（2）将原型和工作台一起斜放晾干后浸入丙酮、酒精等清洗液体中，搅动并刷掉残留的气泡，持续 45 min 左右后放入水池中清洗工作台约 5 min，如图 2 – 23（b）所示；

（3）从外向内在工作台上取下原型，并去除支撑结构，如图 2 – 23（c）所示，去除支撑时，应注意不要刮伤原型表面和精细结构；

（4）再次清洗后置于紫外烘箱中进行整体后固化，如图 2 – 23（d）所示，对于有些性能要求不高的原型，可以不做后固化处理。

SLA 制品实物如图 2 – 24 所示。

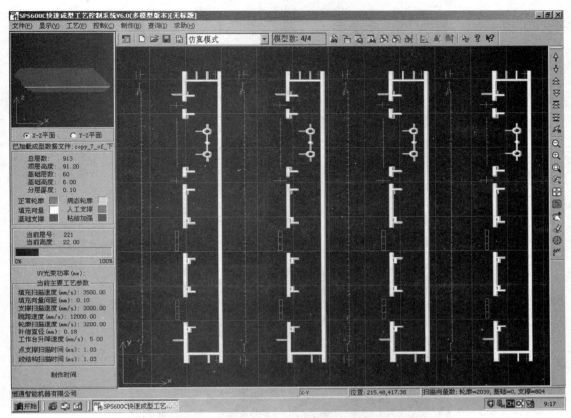

图 2-22 SPS600 光固化快速成型设备控制软件界面

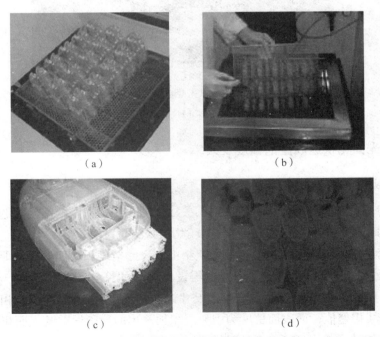

（a）　　　　　　　　　　　　（b）

（c）　　　　　　　　　　　　（d）

图 2-23 光固化快速原型的后处理过程

（a）工作台升起；（b）清洁；（c）去除支撑；（d）后固化

图 2 - 24  SLA 制品实物

（a）埃菲尔铁塔模型；（b）财神模型；（c）哥斯拉模型

## 2.3.1.4  光固化快速成型的精度及效率

### 1. 光固化快速成型的精度

设备研制和用户制作原型过程中需要密切关注光固化快速成型的精度问题，光固化快速成型技术发展到今天，该问题仍然是需要持续解决的难题。

光固化快速成型的精度问题主要包括形状精度、尺寸精度和表面精度，即光固化快速成型件在形状、尺寸和表面相互位置三个方面与设计要求的符合程度。其中，形状误差有翘曲、扭曲变形、椭圆度误差及局部缺陷等；尺寸误差指成型件与 CAD 模型相比，在 $X$、$Y$、$Z$ 各方向上的尺寸相差值；而表面精度为由叠层累加产生的台阶误差及表面粗糙度等。而影响光固化快速原型精度的因素可简单地按图 2 - 25 所示分类。

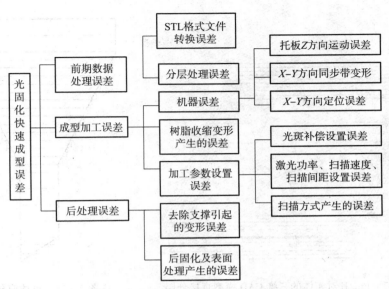

图 2-25 光固化快速成型误差因素分类

1) 几何数据处理造成的误差

在成型过程开始前，在对实体的三维 CAD 模型进行 STL 格式化及切片分层数据处理时会带来误差，如图 2-26 所示。其中，3D Systems 公司于 1992 年开发了 SLC 数据格式，有效解决了由原始数据模型进行 STL 格式转换中出现的问题，减小了 STL 格式化带来的误差。

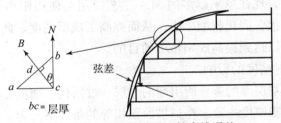

图 2-26 弦差导致界面轮廓线误差

而为减小切片分层数据处理造成的误差，最直接的办法是开发对 CAD 实体模型进行直接分层的方法，在商用软件中，Pro/E 具有直接分层功能，如图 2-27 所示。

切片厚度的选择也会直接影响成型件的表面光洁度，因此，学者进行了自适应分层方法不同算法的研究，即根据零件的表面形状在所需分层方向上自动改变分层厚度，进而满足零件表面精度的需求，当零件表面倾斜度较大时选取较小的分层厚度，以提高原型的成型精度；反之则选取较大的分层厚度，以提高加工效率，如图 2-28 所示。

2) 成型过程中材料的固化收缩引起的翘曲变形

树脂在固化过程中都会发生收缩，通常其体收缩率约为 10%，线收缩率约为 3%。树脂收缩主要由两部分组成：一部分是固化收缩，另外一部分是当激光扫描到液体树脂表面时由温度变化引起的热胀冷缩，常用树脂的热膨胀系数为 $10^{-4}$ 左右，同时，温度升高的区域面积很小，因此温度变化引起的收缩量极小，可以忽略不计。

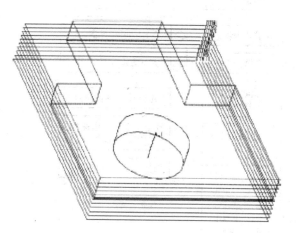

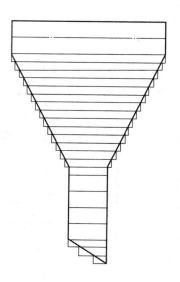

图2-27　Pro/E对实体的三维CAD模型直接分层　　　图2-28　自适应分层

在光固化快速成型工艺中，液态光敏树脂在固化过程中会发生收缩，进而在工件内产生内应力，自固化的层表面沿层厚向下，随固化程度不同，呈梯度分布。而在层与层之间，新固化层收缩时要受到层间黏合力限制，层内应力和层间应力复合将导致工件产生翘曲变形，该变形可通过改进成型工艺来控制。而对于因材料固化收缩而带来的翘曲变形，可通过改进树脂配方的方法来控制。现在越来越多的SLA工艺应用商使用阳离子型光固化树脂，它与自由基型光固化树脂相比，固化收缩率小，从而提高了成型精度。此外，在软件设计方面对体积收缩进行补偿也可以达到提高成型精度的目的。

3）树脂涂层厚度对精度的影响

为了避免聚合深度与层厚的差异所引起的分层、过固化、翘曲变形，在成型过程中就需要保证每一层铺涂的树脂厚度一致。在扫描面积相等的条件下，为了减小层间应力，就需要减小单层固化深度，进而减小固化体积。为了提高成型精度，研究学者也提出了许多不同的方法，如二次曝光法等。

4）光学系统对成型精度的影响

在光固化快速成型过程中，聚焦到液面的光斑直径大小以及光斑形状会直接影响加工分辨率和成型精度，若光斑直径过大，将会丢失较小尺寸的零件细微特征，如在进行轮廓拐角扫描时，拐角特征就不易成型，如图2-29所示。

在SLA系统中，采用双振镜模块（图2-30）进行扫描，由于双振镜在光路中前后布置的结构特点，将造成扫描轨迹在X轴向的"枕形"畸变，当扫描一方形图形时，扫描轨迹并非一个标准的方形，而是出现"枕形"畸变，如图2-31所示。

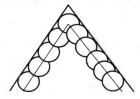

图2-29　轮廓拐角处的扫描

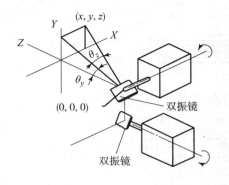

图 2 – 30　扫描器件采用双振镜模块

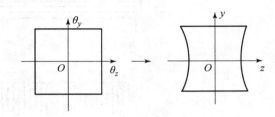

图 2 – 31　"枕形"畸变

采用双振镜扫描还有另一个不足之处，即其扫描轨迹构成的像场是球面，与工作面不重合，产生聚焦误差或 $z$ 轴误差。聚焦误差可以通过动态聚焦模块和透镜前扫描和 $f_\theta$ 透镜得到校正，其中透镜前扫描和 $f_\theta$ 透镜方法原理如图 2 – 32 所示。

5）激光扫描方式对成型精度的影响

选择合适的扫描方式将减少零件的收缩、避免翘曲和扭曲变形，并提高成型精度。其中，SLA 工艺成型时多采用方向平行路径进行实体填充，即每一段填充路径均互相平行，在边界线内往复扫描进行填充，也称为 Z 字形（Zig – Zag）或光栅式扫描方式，如图 2 – 33 所示。而图 2 – 34 表示的是分区扫描方式，在各个区域内采用连贯的 Zig – Zag 扫描方式，激光器扫描至边界即回折反向填充同一区域，

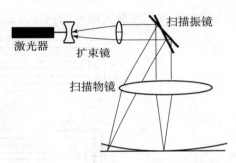

图 2 – 32　$f_\theta$ 透镜扫描

并不跨越型腔部分；仅从一个区域转移到另外一个区域时，才快速跨越。这种扫描方式可以省去激光开关、提高成型效率、分散收缩应力、减小收缩变形、提高成型精度。

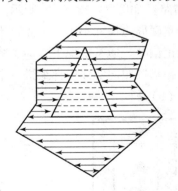

图 2 – 33　顺序往复扫描

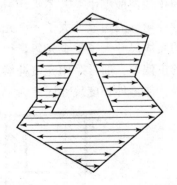

图 2 – 34　分区域扫描

光栅式扫描又可分为长光栅式扫描和短光栅式扫描。因为跳跃光栅式扫描方式有增加已固化区域冷却时间、减小热应力的作用，故采用跳跃光栅式扫描方式（图 2 – 35）能有效地提高成型精度。

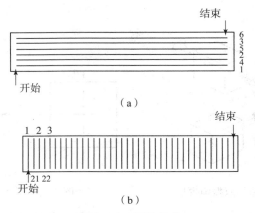

图 2 - 35　扫描方式

（a）跳跃长光栅式扫描方式；（b）跳跃短光栅式扫描方式

而在对平板类零件进行扫描时易采用螺旋式扫描方式（图 2 - 36 和图 2 - 37），且从外向内的扫描方式比从内向外的扫描方式加工生产的零件精度高。

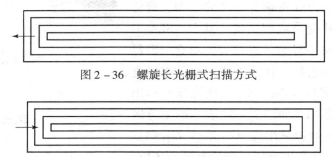

图 2 - 36　螺旋长光栅式扫描方式

图 2 - 37　螺旋短光栅式扫描方式

6）光斑直径大小对成型尺寸的影响

在光固化快速成型中，若不采用补偿，光斑扫描路径如图 2 - 38（a）所示。成型的零件实体部分外轮廓周边尺寸大了一个光斑半径，而内轮廓周边尺寸小了一个光斑半径，结果导致零件的实体尺寸大了一个光斑直径，使零件出现正偏差。通常情况下，为了减小或消除实体尺寸的正偏差，通常采用光斑补偿方法，将光斑扫描按照向实体内部缩进一个光斑半径的路径扫描，使零件长度尺寸误差为零，如图 2 - 38（b）所示。

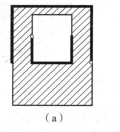
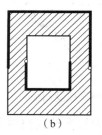

图 2 - 38　光斑尺寸及扫描路径对制件轮廓尺寸的影响

（a）未采用光斑补偿时的扫描路径；（b）采用光斑补偿时的扫描路径

7）激光功率、扫描速度、扫描间距产生的误差

将材料进行"线—面—体"的累积就是一个简单的光固化快速成型过程，为了优化扫描过程工艺参数（激光功率、扫描速度、扫描间距），需要对扫描固化过程进行理论分析，进而找出各个工艺参数对扫描过程的影响。

2. 光固化成型的制作效率

1）影响制作时间的因素

光固化成型零件是由固化层逐层累加形成的，成型所需要的总时间由扫描固化时间及辅助时间组成，可表示为：

$$t = \sum_{i=1}^{N} t_{ci} + Nt_p$$

成型过程中，每层零件的辅助时间 $t_p$ 与固化时间 $t_{ci}$ 的比值反映了成型设备的利用率：

$$\eta = \frac{t_p}{t_{ci}} = t_p \frac{N}{kV}$$

即当实体体积越小，分层数越多时，辅助时间所占的比例就越大，如制作大尺寸的薄壳零件，此时成型设备的利用率就比较低，因此在这种情况下，减少辅助时间对提高成型效率非常有利。

2）减少制作时间的方法

针对成型零件的时间构成，在成型过程中，可以通过改进加工工艺、优化扫描参数，减少零件成型时间等方法提高加工效率，实际使用中通常采用以下几种措施：

（1）减少辅助成型时间。

辅助时间与成型方法有关，一般可通过如下公式表示为：

$$t_p = t_{p1} + t_{p2} + t_{p3}$$

式中：$t_{p1}$ 为工作台升降运动所需要的时间；$t_{p2}$ 为完成树脂涂覆所需要的时间；$t_{p3}$ 为等待液面平稳所需的时间。

可见减少升降时间、树脂涂覆时间及等待时间，可以减少成型中的辅助时间。

（2）层数较小的制作方向。

零件的层数对成型时间的影响很大，对于同一个成型零件，在不同的制作方式下，成型时间差别较大。在保证质量的前提下，快速成型方法制作零件时应尽量减少制作层数。对比不同制造方向时的成型时间（表 2 - 9），可以看出，选择制作层数较少的制作方向，零件制作时间大大降低。

3）扫描参数对成型效率的影响

为了降低零件的总成型时间，提高成型效率可以减少每一层的扫描时间，而扫描时间与扫描速度、扫描间距、扫描方式及分层厚度有关。其中扫描方式和分层厚度由工艺决定，无法更改，那么就相当于扫描速度及扫描间距将决定每一层的扫描时间，其中扫描速度决定了单位长度的固化时间，而扫描间距的大小决定单位面积上扫描路径的长短。

表 2 - 9　制作时间的比较

| 零件名称 | 制作时间/h（制作层数多） | 制作时间/h（制作层数少） | 时间比/% |
|---|---|---|---|
| 手机壳 | 8.63 | 3.27 | 37.9 |
| 滴管 | 14.69 | 4.85 | 33.0 |
| 密码输入器 | 6.41 | 2.14 | 33.4 |
| 叶轮 | 4.07 | 3.82 | 94.3 |
| 握杆头 | 6.83 | 6.57 | 96.2 |

光敏树脂固化时对紫外光的吸收一般符合 Beer - Lanbert 规则，树脂吸收紫外光引发光化学反应，这一光化学反应主要由 Grottus - Draper 和 Einstein 定律支配，反应后树脂固化，轮廓曲线非均匀分布而近似为高斯曲线，其理论轮廓曲线如图 2 - 39 所示。

在光束固化平面的过程中，固化面由一系列相邻的固化线相互黏结而成，而成型中相邻扫描线之间由于树脂固化线的宽度大于扫描间距（通常 0.1 mm）将不可避免地产生部分重叠，如图 2 - 40 所示。

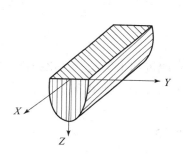

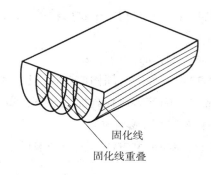

固化线

固化线重叠

图 2 - 39　树脂固化截面理论形状　　　　图 2 - 40　相邻固化线之间的重叠

扫描间距的提高缩短了紫外光在固化平面往复运动时的扫描距离，通过不同的扫描间距下零件的制作时间（表 2 - 10）可知，当扫描间距增大到 0.2 mm 时，零件的制作时间仅为间距为 0.1 mm 时的 52% ~ 62%，成型时间减少接近一半，而当扫描间距增大到 0.3 mm 时，制作时间仅为间距 0.1 mm 时的 40% 左右，即在同样的制作条件下，适当提高固化成型中的扫描间距，可以有效减少零件制作时间，提高制作效率。

### 2.3.1.5　微光固化快速成型制造技术

在微电子和生物工程等领域，制件一般要求具有微米级或亚微米级的细微结构，而传统的 SLA 工艺技术无法满足这一领域的需求。MEMS（Micro Electro - Mechanical Systems）和微电子领域的快速发展，使微机械结构的制造成为具有极大研究价值和经济价值的热点。微光固化快速成型 μ - SL（Micro Stereolithography）便是在传统的 SLA 技术方法基础上，面向微机械结构制造需求而提出的一种新型的快速成型技术。

表 2-10　零件制作时间

h

| 零件名称 | 扫描间距/mm | | |
|---|---|---|---|
| | 0.1 | 0.2 | 0.3 |
| 手机壳 | 14.66 | 7.75 | 5.53 |
| 叶轮 | 23.42 | 12.73 | 9.12 |
| 艺术人手 | 6.98 | 4.35 | 3.45 |
| 叶片 | 14.25 | 7.62 | 5.48 |
| UserPart | 17.12 | 10.22 | 7.25 |
| 艺术茶壶 | 20.84 | 10.87 | 8.48 |

**1. 基于单光子吸收效应的 μ-SL 技术**

单光子吸收光聚合反应（Single-Photon Absorbed Photopolymerization，简称 SPA）表示在光固化过程中，树脂分子对光能的吸收是以单个光子为单位的。基于单光子吸收（SPA）效应的 SLA 技术成型精度已达到 ±0.1 mm，若能优化其光路及机械传动系统，其精度将提高到微米级，进而实现 μ-SL 技术。

目前，以 SPA 效应为反应机理的 μ-SL 技术有两种主要的成型模式：扫描式 μ-SL（Scanning Micro Stereolithography）和遮光板投影式 μ-SL（Mask Projection Micro Stereolithography，MP μ-SL）。

在扫描式 μ-SL 中，通常采用光源固定，而工作台相对运动的方式来进行扫描，如图 2-41 所示。

为了克服扫描式 μ-SL 单层逐步扫描、效率较低的技术缺陷，德国卡尔斯鲁厄研究中心于 20 世纪 80 年代提出了 MP μ-SL 的概念，又被称为 LIGA（德语 Lithographie Galvanoformung Abformung 的简写）技术。该方法采用 X 射线作为固化光源，利用具有制件截面形状的遮光板，通过一次曝光，将受控后的射线投影在树脂表面，使树脂受光照的部分发生固化，然后通过逐层叠加形成实体形状，如图 2-42 所示。虽然相对于扫描式 μ-SL 这一工艺效率较高，但在制造形状较为复杂的工件时遮光板需求量太大，成本过高。

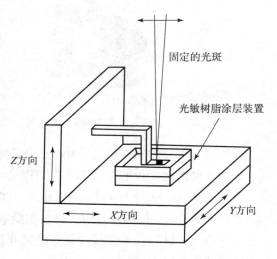

图 2-41　基于单光子吸收效应的<br>μ-SL 技术原理示意图

为了解决这一难题，结合现有的计算机图像生成技术，研究学者提出了用动态遮光板（Dynamic Mask）取代传统遮光板的制造理念。以计算机 CAD 造型的实体信息为基础获得制件每一层切片的详细信息，从而创建具有制件截面形状的"动态遮光板"，生成具有相应形状的固化层并逐层地叠加生成实体，如图 2-43 所示，这一方法大大降低了遮光板的需求量，进而改善了成本过高的问题。

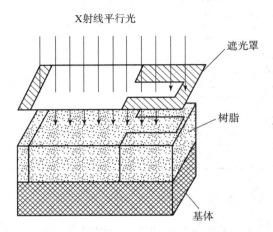

图 2-42　MP μ-SL 技术原理示意图

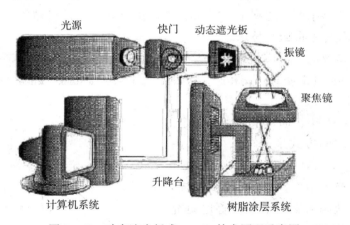

图 2-43　动态遮光板式 μ-SL 技术原理示意图

为了提高制件的制作精度，MP μ-SL 将研究重点放在了提高动态遮光板的分辨率上，只有提高了动态遮光板的分辨率才能制作尺寸更小的三维像素。目前生成动态遮光板的方法有：SLM（Spatial Light Modulators）技术、LCD（Liquid Crystal Display）技术和 DMD（Digital Micromirror Device）技术。其中，贝尔实验室开发的 SLM 技术，已投入商业应用，广泛应用于芯片制造业；LCD 技术生成像素点的尺寸较大，制约了这一技术的推广及使用；而 Texas 设备公司开发的 DMD 技术是如今使用最广泛的动态遮光板生成方式。

DMD 由许多微镜面（Micro Mirror）构成，成型面上像素点与微镜面一一对应，通过改变微镜面的状态，可以控制光路的状态进而控制光敏树脂成型面上相应位置点的固化。首先利用 CAD 实体文件表达制件的形状，然后将以每一层的切片信息为基础控制 DMD 中微镜面的闭合，据此达到生成动态遮光板的目的，如图 2-44 所示。

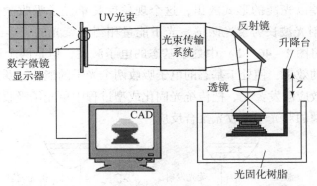

图2-44 基于动态遮光板式的DMD MP μ-SL技术原理

与LCD MP μ-SL相比，DMD MP μ-SL有着更小的像素点、更快的响应速度，可更精确地控制曝光时间。图2-45就是一个采用DMD MP μ-SL技术制作的三维微结构实例，从图2-45可知，（a）为总110层、每层厚5 μm的微矩阵结构；（b）为直径30 μm、高1 000 μm的微型柱组成的阵列；（c）为整体螺旋直径100 μm、线轴径25 μm的螺旋微结构阵列；（d）为直径0.6 μm的亚微米级微结构。

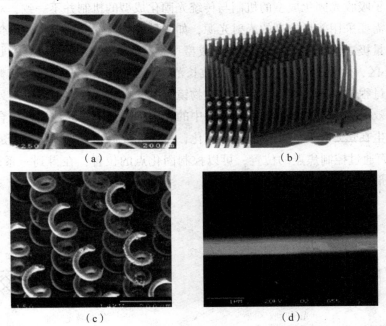

（a）　　　　　　　　　　　　（b）

（c）　　　　　　　　　　　　（d）

图2-45 基于动态遮光板方式的DMD MP μ-SL技术制作的三维微结构

## 2. 基于双光子吸收效应的μ-SL技术

早在1931年双光子吸收理论就已经被提出，然而直到1960年才正式在实验室观测到了这一现象，此后，基于这一领域的研究得以快速发展，科研成果得以产业化。当入射光为波长400 nm的紫光，同时此能量正好等于基态与激发态之间的能量差时，此能量将被基态电子吸收，使基态电子跃迁至具有较高能量的激发态，经过一定的生命期后，激发后的电子将

返回基态时的能量差以光能的形式放出，这个现象就是单光子吸收激发荧光，如图 2 - 46
（a）所示；而当入射光波长为紫光两倍、光子能量相当于紫光的一半的近红外光时，单个
近红外光光子无法将图 2 - 46（b）中处于基态的电子激发，但是两个近红外光光子叠加可
达到一个紫光光子的效果，使处于基态的电子吸收两个光子的能量，跃迁至激发态，这个现
象就是双光子吸收效应激发荧光。把传统光固化成型过程中单光子吸收的过程用双光子吸收
取代，就产生了所谓的双光子吸收光聚合反应。

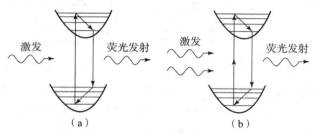

图 2 - 46　光子吸收效应激发荧光示意图

（a）单光子；（b）双光子

　　实现双光子吸收光固化成型的机制与传统光固化成型的机制并不一致，双光子吸收的非
线性效应导致需要采用能量较高的入射光源，如飞秒级激光，并配合采用高倍显微镜物镜聚
焦，来获得能量极高的光斑。一般光固化成型中使用的光敏树脂的敏感波长范围为 350 ~
400 nm 的紫外区，而飞秒级近红外激光的波长范围为 750 ~ 800 nm，不会使树脂发生光固化
反应。在成型过程中，高能激光由高倍显微物镜聚焦，树脂液面之下的焦点处能量将达到引
发双光子吸收效应的强度，而焦点之外光路中的光因为光强不足无法引发聚合效应，因此光
固化反应仅发生在焦点位置，实现了局部固化，从而大大提高了光固化成型的精细度，如图
2 - 47 所示。而通过控制焦点的位置，可以控制固化点的位置，在得到一系列的固化点后，
组成具有复杂形状的制件，如图 2 - 48 所示。

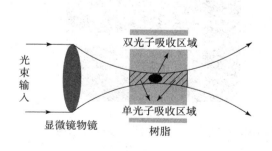

图 2 - 47　高能激光经物镜聚焦后在
树脂内部焦点处形成局部固化区

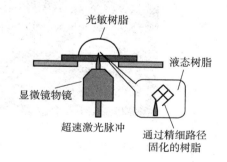

图 2 - 48　通过控制焦点位置
成型截面形状

　　μ - SL 中的扫描方式主要有微点扫描法和法线扫描，两种方法各有优势。以采用 μ - SL
制作截面形状为字母 "C" 的制件为例，若采用微点扫描法，将逐个生成三维像素点，精度
较高，但效率较低，如图 2 - 49（a）所示；若采用线扫描法，虽然效率较高，但精度不如

微点扫描法,如图 2 – 49(b)所示。

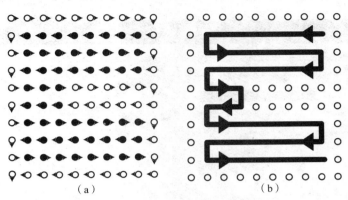

(a)　　　　　　　　　　　　　(b)

图 2 – 49　μ – SL 技术中的激光扫描方式

使用 SL 5510 型光敏树脂,在 200 μm × 200 μm 的二维平面上制作直径 1.2 μm、高 9.4 μm、相隔 20 μm 的微型柱直径所需的入射光功率为 12.5 mW,每根微柱的曝光时间为 2.4 s,如图 2 – 50 所示。

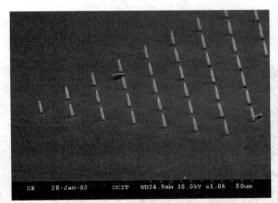

图 2 – 50　采用微点扫描法制作的微型柱结构的 SEM 图像

为了使 μ – SL 技术能够大规模工业化生产,需要调整其研究方向,需开发低成本生产技术、新的树脂材料,提高光成型技术的精度,建立 μ – SL 数学模型和物理模型,并实现 μ – SL 与其他领域的结合。

### 2.3.1.6　项目实现

小塔的制作步骤如下所述。

1. 前处理

(1)利用三维造型软件 UG6.0 设计小塔(图 2 – 51),然后将其导出 STL 格式文件。

(2)将小塔的 STL 文件导入机器中进行切层处理。

图 2 – 51　小塔三维图

①导入零件，如图2－52所示。

图2－52　导入零件

②机器自动分层及计算打印时间，如图2－53所示。

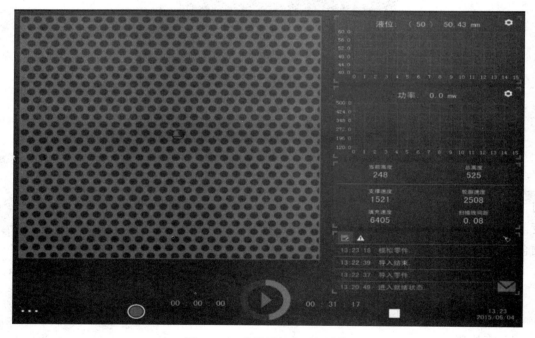

图2－53　分层及打印时间计算

③分层计算完毕，得到打印此零件需要1小时03分，如图2－54所示。

图 2 - 54　打印时间显示

## 2. 分层叠加过程

单击"制作"按钮开始打印零件，如图 2 - 55 所示。

图 2 - 55　开始打印零件

图 2 - 56 为激光扫描过程。

图 2 – 56　激光扫描过程

### 3. 后处理

打印完成，工作台上升，如图 2 – 57 所示；人工取出零件，如图 2 – 58 所示；手动去除支撑，如图 2 – 59 所示。如考虑强度需求，可进行二次固化。

图 2 – 57　上升工作台

图 2 – 58　人工获取零件

处理完毕，得到所需零件，如图2-60所示。

图2-59　手动去除支撑　　　　　　　　　　图2-60　最终零件图

## 2.3.2　熔融沉积成型（FDM）技术

　　FDM是一种挤出成型方式。将FDM设备的打印头加热，使用电加热的方式将丝状材料诸如石蜡、金属、塑料和低熔点合金丝等加热至略高于熔点之上（通常控制在比熔点高1 ℃左右），打印头受分层数据控制，使半流动状态的熔丝材料（丝材直径一般在1.5 mm以上）从喷头中挤压出来，凝固成轮廓形状的薄层，一层层叠加后形成整个零件模型，如图2-61所示。

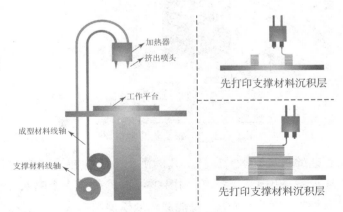

图2-61　FDM技术

　　FDM是现在使用最为广泛的3D打印方式，采用这种方式的设备既可用于工业生产，也面向个人用户。所用的材料除了白色外还有其他颜色，在成型阶段就可以给成品做出带颜色的效果。这种成型方式每一叠加层的厚度相比其他方式较厚，所以多数情况下分层清晰可见（图 2 - 62），处理也相对简单。

美国 3D Systems 公司的 BFB 系列和 Rapman 系列产品全部采用了 FDM 技术，其工艺特点是直接采用工程材料 ABS、PC 等进行制作，材料可以回收，用于中、小型工件的成型。但缺点是表面光洁度较差，综合来说这种方式不可能做出像饰品那样的精细造型和光泽效果。

图 2 - 62　FDM 工艺成型过程

### 2.3.2.1　FDM 工艺的基本原理和特点

#### 1. FDM 工艺的基本原理

FDM 也被称为熔丝沉积，主要是在供料辊上缠绕实芯丝材原材料，通过电机驱动辊子旋转，利用辊子和丝材之间的摩擦力将丝材送入喷头的出口方向。为了更顺利、准确地将丝材由供料辊送到喷头的内腔，在供料辊与喷头之间设置了一个低摩擦材料制成的导向套。在喷头前端电阻丝式加热器的作用下，将加热熔融的丝材通过出口涂覆在工作台上，冷却后即可形成制件当前截面轮廓。若能保证热熔性材料的温度始终稍高于固化温度，成型部分的温度始终稍低于固化温度，就能确保材料被喷出后能迅速与前一层面熔结，重复熔喷沉积的过程，就能完成整个实体造型，如图 2 - 63 所示。

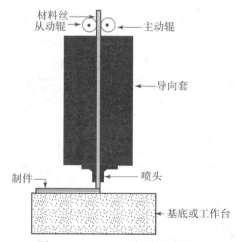

图 2 - 63　FDM 工艺的基本原理

为了节省 FDM 工艺的材料成本，提高工艺的沉积效率，在原型制作时需要同时制作支撑，故而，新型 FDM 设备采用了双喷头，如图 2 - 64 所示。一个喷头用于沉积模型材料，另一个用于沉积支撑材料。采用双喷头不仅能够降低模型制作成本、提高沉积效率，还可以灵活地选用具有特殊性能的支撑材料，有利于在后处理中去除支撑材料。

#### 2. FDM 工艺的特点

FDM 工艺也有着许多优点和劣势，见表 2 - 11。

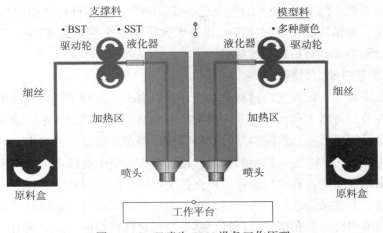

图 2 - 64　双喷头 FDM 设备工作原理

表 2 - 11　FDM 工艺特点

| | |
|---|---|
| 优点 | 系统构造和原理简单，运行维护费用低（无激光器） |
| | 原材料无毒，适宜在办公环境安装使用 |
| | 用蜡成型的零件原型，可以直接用于失蜡铸造 |
| | 可以成型任意复杂程度的零件 |
| | 无化学变化，制件的翘曲变形小 |
| | 原材料利用率高，且材料寿命长 |
| | 支撑去除简单，无须化学清洗，容易分离 |
| | 可直接制作彩色原型 |
| 缺点 | 成型件表面有较明显条纹 |
| | 需要设计与制作支撑结构 |
| | 需要对整个截面进行扫描涂覆，成型时间较长 |
| | 沿成型轴垂直方向的强度比较弱 |
| | 原材料价格昂贵 |

### 3. FDM 工艺与其他快速成型工艺方法的比较

通过 FDM 工艺与其他快速成型工艺方法的比较可知，FDM 工艺较适用于产品设计的概念建模及产品的功能测试。其中甲基丙烯酸 ABS（MOBS）材料具有很好的化学稳定性，可采用伽马射线消毒，特别适用于医用，但成型精度相对较低，不适合于制作结构过于复杂的零件。

### 2.3.2.2　FDM 工艺成型材料及设备

#### 1. FDM 工艺成型材料

FDM 技术的关键在于热融喷头，良好的喷头温度能使材料挤出时既保持一定的形状又具有良好的黏结性能，但FDM技术的关键也不仅这一个，成型材料的相关特性（如材料的黏度、熔融温度、黏结性以及收缩率等）也会大大影响整个制造过程。一般来说，FDM工艺使用的材料分别为成型材料和支撑材料。

（1）FDM工艺对成型材料的要求。

①材料的黏度要低：低黏度的材料流动性好、阻力小，有利于材料的挤出。若材料的黏度过高、流动性差，将增大送丝压力并使喷头的启停响应时间增加，影响成型精度。

②材料熔融温度要低：低熔融温度的材料可使材料在较低温度下挤出，减少材料在挤出前后的温差和热应力，从而提高原型的精度，延长喷头和整个机械系统的使用寿命。

③材料的黏结性要好：黏结性的好坏将直接决定层与层之间黏结的强度，进而影响零件成型以后的强度，若黏结性过低，在成型过程中很容易造成层与层之间的开裂。

④材料的收缩率要小：在挤出材料时，喷头需要对材料施加一定的压力，若材料收缩率对压力较敏感，会造成喷头挤出的材料丝直径与喷嘴的直径相差太大，影响材料的成型精度，导致零件翘曲、开裂。

FDM工艺成型材料的基本信息及特性指标见表2-12和表2-13。

表2-12　FDM工艺成型材料的基本信息

| 材料 | 适用的设备系统 | 可供选择的颜色 | 备注 |
|---|---|---|---|
| ABS（丙烯腈-丁二烯-苯乙烯共聚物） | FDM1650、FDM2000、FDM8000、FDM-Quantum | 白、黑、红、绿、蓝色 | 耐用的无毒塑料 |
| ABSi（医学专用ABS） | FDM1650、FDM2000 | 黑、白色 | 被食品及药物管理局认可的、耐用的且无毒的塑料 |
| E20 | FDM1650、FDM2000 | 所有颜色 | 人造橡胶材料，与封铅、轴衬、水龙带和软管等使用的材料相似 |
| ICW06熔模铸造用蜡 | FDM1650、FDM2000 | — | |
| 可机加工蜡 | FDM1650、FDM2000 | — | |
| 造型材料 | Genisys Modeler | | 高强度聚酯化合物，多为磁带式而不是卷绕式 |

表2-13　FDM工艺成型材料的特性指标

| 材料 | 抗拉强度/MPa | 弯曲强度/MPa | 冲击韧性/(J·m$^{-2}$) | 延伸率/% | 肖氏硬度 | 玻璃化温度/℃ |
|---|---|---|---|---|---|---|
| ABS | 22 | 41 | 107 | 6 | 105 | 104 |
| ABSi | 37 | 61 | 101.4 | 3.1 | 108 | 116 |

| 材料 | 抗拉强度<br>/MPa | 弯曲强度<br>/MPa | 冲击韧性<br>/(J·m⁻²) | 延伸率<br>/% | 肖氏硬度 | 玻璃化<br>温度/℃ |
|---|---|---|---|---|---|---|
| ABSplus | 36 | 52 | 96 | 4 | | |
| ABS – M30 | 36 | 61 | 139 | 6 | 109.5 | 108 |
| PC – ABS | 34.8 | 50 | 123 | 4.3 | 110 | 125 |
| PC | 52 | 97 | 53.39 | 3 | 115 | 161 |
| PC – ISO | 52 | 82 | 53.39 | 5 | | 161 |
| PPSF | 55 | 110 | 58.73 | 3 | 86 | 230 |
| E20 | 6.4 | 5.5 | 347 | | 96 | |
| ICW06 | 3.5 | 4.3 | 17 | | 13 | |
| Genisys Modeling Material | 19.3 | 26.9 | 32 | | 62 | |

（2）FDM工艺对支撑材料的要求。

①能承受一定高温：支撑材料与成型材料需要在支撑面上接触，故支撑材料需要在成型材料的高温下不产生分解与熔化。

②与成型材料不浸润：加工完毕后支撑材料必须去除，故支撑材料与成型材料的亲和性不应太好。

③具有水溶性或者酸溶性：为了更快地对复杂的内腔、孔等原型进行后处理，需要支撑材料能在某种液体里溶解。

④具有较低的熔融温度：较低的熔融温度可使材料能在较低的温度挤出，提高喷头的使用寿命。

⑤流动性要好：支撑材料不需要过高的成型精度，为了提高机器的扫描速度，需要支撑材料具有很好的流动性。

2. FDM工艺成型设备

供应FDM工艺成型设备的单位主要有美国的Stratasys公司、3D Systems公司、Med Modeler公司以及国内的清华大学等。其中，Stratasys公司的FDM技术在国际市场上占比最大（图2-65~图2-67）。

由于在几种常用的快速成型设备系统中，唯有FDM系统可在办公室内使用，为此，Stratasys公司还专门成立了负责小型机器销售和研发的部门（Dimension部门），如图2-68、图2-69所示。

自推出光固化快速成型系统及选择性激光烧结系统后，3D Systems公司又推出了熔融沉积式的小型三维成型机Invision 3 – D Modeler系列。该系列机型采用多喷头结构，成型速度快，材料具有多种颜色，采用溶解性支撑，原型稳定性能好，成型过程中无噪声，如图2-70所示。

图 2 - 65　Stratasys 公司的 FDM – Quantum 机型
（尺寸：600 mm × 500 mm × 600 mm）

图 2 - 66　Stratasys 公司的 FDM – Genisys Xs 机型
（尺寸：305 mm × 203 mm × 203 mm）

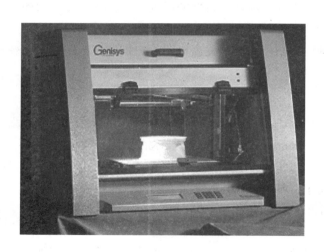

图 2 - 67　Stratasys 公司于 1993 年开发出的第一台
FDM1650 机型（尺寸：254 mm × 254 mm × 254 mm）

图 2 - 68　Stratasys 公司的 Dimension BST1200
机型（尺寸：254 mm × 254 mm × 305 mm）

图 2 - 69　Stratasys 公司的 Dimension BST768
机型（尺寸：203 mm × 203 mm × 305 mm）

图 2 - 70　3D Systems 公司的 XT 3 - D Modeler 机型及
LD 3 - D Modeler 机型

### 2.3.2.3　FDM 工艺过程

与其他几种快速成型工艺过程类似，FDM 的工艺过程也可以分为前处理、分层叠加过程及后处理三个阶段。

**1. 前处理**

将零件的 STL 文件导入对应的切层软件中进行切层处理。

**2. 分层叠加过程**

成型的分层叠加过程同图 2 - 71 所示设备操作流程。

**3. 后处理**

打印完成后取下零件去除支撑，并打磨。

### 2.3.2.4　FDM 工艺因素分析

**1. 材料性能的影响**

凝固过程中，材料的热收缩和分子取向的收缩会产生应力变形影响成型件精度。通过改进材料的配方并在设计时考虑收缩量进行尺寸补偿能够减小这一因素的影响。

**2. 喷头温度和成型室温度的影响**

喷头温度将直接决定材料的黏结性能、堆积性能、丝材流量以及挤出丝宽度，而成型室的温度会影响到成型件的热应力。这就需要根据丝材的性质来选择喷头温度以保证挤出丝的熔融流动状态，同时还需要将成型室的温度设定得比挤出丝的熔点温度低 1 ~ 2 ℃。

打开快速成型机，
连接设备

↓

检查工作台上是否有
未取下的零件或障碍物

↓

系统初始化：
X、Y、Z 轴归零

↓

成型室预热：
按下温控、散热按钮

↓

调试：检查运动系统
及吐丝是否正常

↓

对高：将喷头调至与
工作台间距0.3 mm处

↓

打印模型：注意开始
时观察支撑黏接情况

↓

成型结束，取出模型，
清理成型室

图 2 - 71　成型设备
操作流程

**3. 填充速度与挤出速度的交互影响**

挤出丝的体积在单位时间内与挤出速度呈正比关系，当填充速度一定时，随着挤出速度增大，挤出丝的截面宽度逐渐增加，当挤出速度增大到一定值，挤出丝黏附于喷嘴外圆锥面，将影响正常加工；若填充速度比挤出速度快，材料将填充不足，出现断丝现象，难以成型。因此，需要使挤出速度与填充速度相匹配。

**4. 分层厚度的影响**

通常情况下，实体表面产生的台阶将随着分层厚度的减小而减小，而表面质量将随着分层厚度的减小而提高，但是如果分层处理和成型的时间过长将影响加工效率。同理，分层厚度增大将使实体表面产生的台阶增大，降低表面质量，但是相对而言会提高加工效率。那么就需要兼顾效率和精度来确定分层厚度，必要时可通过后期打磨来提高原型表面质量及精度。

**5. 成型时间的影响**

填充速度、每层的面积大小及形状的复杂度都将影响成型时间，若层的面积小、形状简单、填充速度快，那么该层的成型时间就短；反之，成型时间就长。所以加工时为了获得精度较高的成型件，必须控制好喷嘴的工作温度和每层的成型时间。

**6. 扫描方式的影响**

FDM 扫描方式有螺旋扫描、偏置扫描及回转扫描等，为了提高表面精度、简化扫描过程、提高扫描效率可采用复合扫描方式，即外部轮廓用偏置扫描，内部区域填充用回转扫描。

### 2.3.2.5 气压式 FDM 系统

**1. 工作原理**

将低黏性材料（该材料可由不同相组成，如粉末－黏结剂的混合物）加热到一定温度后通过空气压缩机所提供的压力由喷头挤出，涂覆在工作平台或前一沉积层上，同时按当前层的层面几何形状进行扫描堆积，实现逐层沉积凝固。计算机系统控制工作台作在 $X$、$Y$、$Z$ 方向做三维运动，实现逐层制造三维实体或直接制造空间曲面，如图 2 － 72 所示。

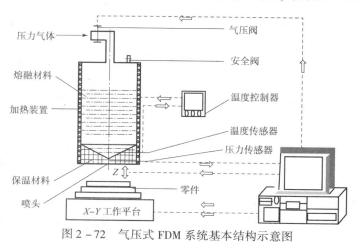

图 2 － 72　气压式 FDM 系统基本结构示意图

## 2. 特点

气压式 FDM 系统特点见表 2 - 14。

表 2 - 14 气压式 FDM 系统特点

| 优点 | 成型材料广泛 |
| --- | --- |
| | 设备成本低，体积小 |
| | 无污染 |
| 缺点 | 成型材料的黏稠度要求高 |
| | 包含杂质的颗粒度要求严格 |
| | 不能成型很尖锐的拐点 |

## 3. 与传统 FDM 的区别

（1）无须采用专门的挤压成丝设备；

（2）压力装置结构简单，提供的压力稳定可靠，成本低；

（3）改进后没有送丝部分的 AJS 系统，喷头变得轻巧，减小了机构的振动，提高了成型精度。

### 2.3.2.6 FDM 原型实例

PPSF（polyphenylsulfone）材料由 Stratasys 针对 FDM 原型系统 Titan 发表，与其他快速原型材料相比，这种材料有着较高的强韧性、耐热性及抗化学性，如图 2 - 73 所示。

图 2 - 73 PPSF 耐高温工程材料应用与咖啡壶设计

ABS 为材料提供了白色、蓝色、黄色、红色、绿色及黑色六种颜色选项，而医学领域下的 ABSi 则为材料提供了创建透明度的应用，如汽车透明红色或黄色的车灯，如图 2 - 74 所示。

图 2 - 74 彩色模型装配件

FDM 原型的关键优势是尺寸稳定，如同 SLS 技术，时间或环境的改变都不会改变工件的尺寸或其他特征（图 2 - 75），而 SLA 或 PloyJet 技术就无法达到改变温度而尺寸不变的效果。

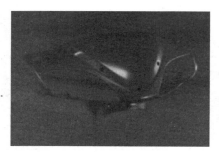

图 2 - 75　大型工件的尺寸稳定性

### 2.3.2.7　项目实现

扳手的制作步骤如下所述。

1. 前处理

（1）利用三维造型软件 UG6.0 进行设计扳手（图 2 - 76），然后将其导出为 STL 格式文件。

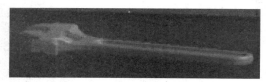

图 2 - 76　扳手三维图

（2）将扳手的 STL 文件导入切片软件中进行切层处理。

①连接设备，如图 2 - 77 所示。

②设备复位，如图 2 - 78 所示。

图 2 - 77　连接设备

图 2 - 78　复位设置

③导入零件，如图 2 - 79 所示。

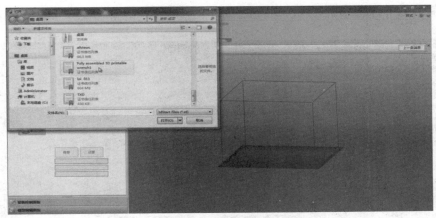

图2-79 导入零件

④调整零件位置，如图2-80所示。

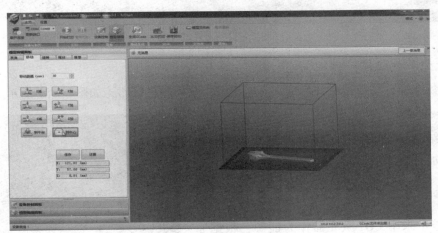

图2-80 零件位置的调整

⑤生成路径，如图2-81所示。

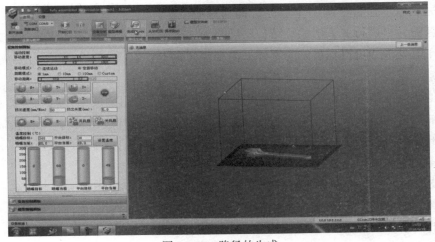

图2-81 路径的生成

⑥设置参数并保存数据文件，如图 2 - 82 所示。

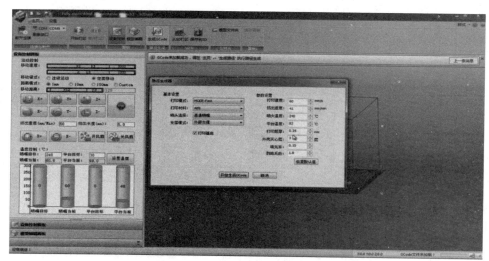

图 2 - 82　文件的保存

**2. 分叠层加过程**

连接数据线，将数据文件传输到打印机上，开始脱机打印，如图 2 - 83 所示。

**3. 后处理**

打印结束，取下零件，手动去除支撑，再根据要求稍加打磨即可。

### 2.3.3　选择性激光烧结（SLS）技术

SLS 技术采用 $CO_2$ 激光器作为能源，根据原型的切片模型利用计算机控制激光束进行扫描，有选择地烧结固体粉末材料以形成零件的一个薄层。一层完成后工作台下降一个层厚，铺粉系统

图 2 - 83　脱机打印

铺上一层新粉，再进行一下层的烧结，层层叠加，全部烧结完成后去掉多余的粉末，再进行打磨、烘干等处理便可得到最终的零件。需要注意的是，在烧结前，工作台要先进行预热，这样可以减少成型中的热变形，也有利于叠加层之间的结合，如图 2 - 84 所示。

与其他快速成型方式相比，SLS 最突出的优点是其可使用的成型材料十分广泛，理论上讲，任何加热后能够形成原子间黏结的粉末材料都可以作为其成型材料。目前，可进行 SLS 成型加工的材料有石蜡、高分子材料、金属、陶瓷粉末和它们的复合粉末材料，成型材料的多样化使得其应用范围越来越广泛。

SLS 技术的另一个特点是能够制造可直接使用的最终产品，因此 SLS 技术既可归入快速成型的范畴，也可以归入快速制造的范畴。但是，这种方式的成品表面比较粗糙，无法满足表面平滑的需求。

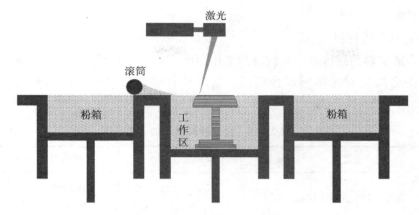

图2-84 SLS技术示意图

德国 EOS 公司的 P 系列塑料成型机和 M 系列金属成型机产品，是全球最好的 SLS 技术设备。

#### 2.3.3.1 SLS 工艺的基本原理和特点

SLS 工艺主要是将粉末材料（塑料粉等与黏结剂的混合粉）通过 $CO_2$ 激光器进行选择性烧结。在开始加工之前将充有 $N_2$ 的工作室升温，将温度维持于粉末的熔点以下；成型阶段送料桶上升，铺粉小车移动，在工作平台上铺一层粉末材料，然后激光束在计算机的控制下按照界面轮廓对实心部分的粉末进行烧结，继而熔化粉末形成一层固体轮廓。每一层烧结完成之后，工作台下降一个截面层的高度，再次铺上粉末，进行下一层烧结，如此循环，直至完成整个实体构建。在实体构建完成并充分冷却后，需要将加工件取出置于后处理工作台上，去除残留的粉末。在成型过程中，未经烧结的粉末对模型的空腔和悬臂部分起着支撑作用，无须另行生成支撑工艺结构，如图2-85所示。

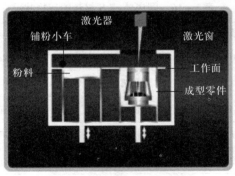

图2-85 SLS 工艺原理图

#### 2.3.3.2 SLS 工艺成型材料及设备

1. SLS 工艺成型材料

SLS 工艺所使用的材料主要分为以下几类：金属基合成材料、陶瓷基合成材料、铸造

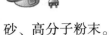 

砂、高分子粉末。

（1）金属基合成材料。

金属基合成材料的硬度高，有较高的工作温度，可用于复制高温模具。常用的金属基合成材料一般由金属粉和黏结剂组合而成，这两种材料也有很多不同的种类，如表 2 – 15 所示。

表 2 – 15　金属粉和黏结剂分类

| 金属粉 | 黏结剂 |
| --- | --- |
| 不锈钢粉末、还原铁粉、铜粉、锌粉、铝粉 | 有机玻璃粉、聚甲基丙烯酸丁酯、环氧树脂、其他易于热降解的高分子共聚物 |

（2）陶瓷基合成材料。

与金属基合成材料相比，陶瓷基合成材料的硬度高、工作温度高，可用于复制高温模具，它一般由陶瓷粉和黏结剂组合而成。在 SLS 工艺过程中，$CO_2$ 激光束产生热量熔化黏结剂，黏结陶瓷粉使制件成型，最终经过在加热炉中烧结获得陶瓷工件。

（3）铸造砂。

铸造砂主要用于低精度的原型件的制作，主要成分为覆模砂，其表面的高分子黏结成分一般是低分子量酚醛树脂。

（4）四、高分子粉末。

高分子粉末材料主要包括尼龙粉（PA）、聚碳酸酯粉（PC）、聚苯乙烯粉（PS）、ABS 粉、铸造用蜡粉、环氧 – 聚酯粉末、聚酯粉末（PBT）、聚氯乙烯粉末（PVC）、聚四氟乙烯（PTFE）以及共聚改性粉末材料等。从理论角度出发，所有的热塑性粉末都可通过 SLS 技术制作出各种形状的制件，国内外也有很多有关 SLS 材料的应用，如表 2 – 16 所示。

表 2 – 16　国内外 SLS 材料的应用状况

| 生产商 | 牌号 | 产品类型 | 用途及特点 |
| --- | --- | --- | --- |
| EOS | PrimeCast 100 | PS 粉末 | 适用于熔模铸造 |
| | Quartz 4. 2/5. 7 | 酚醛树脂包裹铸造砂 | 用于翻砂铸造 |
| | Alumide Al（30%）+ PA | 复合粉末 | 具有金属性质的坚硬、耐用的零件 |
| | DirectSteel 20 | 粒状良好的钢粉 | 用于注塑模以及直接制造金属零件 |
| | DirectSteel H20 | 粒状良好的铜粉 | 具有与金属注塑模性能相当的注塑模 |
| | DirectMetal | 粒状良好的合金粉 | 用于注塑模以及直接制造金属零件 |
| | ABS | | 功能件及测试件 |
| | PA3200/2200 | | 功能件及原型件 |
| | PC | | 功能件及测试件 |

续表

| 生产商 | 牌号 | 产品类型 | 用途及特点 |
|---|---|---|---|
| 3D Systems | DuraForm PA PA | 尼龙粉末 | 功能件及测试件，热化学稳定性优良 |
| | DuraForm GF PA | 添加玻璃珠复合尼龙粉末 | 小特征功能件及测试件，热化学性能优良，耐腐蚀 |
| | DuraForm EX | 抗冲击性工程塑料粉末 | 适合制作扣合型开关等功能件，耐弯折、冲击，力学性能优良 |
| | DuraForm FLEX | 高韧性工程塑料粉末 | 类橡胶韧弹性体，可经受重复弯折，耐撕裂性好，可染色 |
| | DTM PC | PC 粉末 | 热稳定性良好，可用于精密铸造 |
| | TurForm Polymer | PS 粉末 | 适于制作消失模，尺寸稳定，表面光洁 |
| | SandForm Si | 覆膜硅砂 | 砂型制造 |
| | RapidSteel 1.0/2.0 | 覆膜钢粉 | 功能零件或金属模具制作 |
| | SandForm ZrII | 覆膜锆砂 | 砂型制造 |
| 华中科技大学 | 覆膜砂 HB1~HB3 系列 | PA、PS 粉末 | 砂型制造，熔模制造，原型制造 |
| 北京隆源公司 | 覆膜陶瓷及塑料粉末 | PS、ABS 粉末 | 熔模制造，原型制造 |
| 华北工学院① | 覆膜金属、覆膜陶瓷、精铸蜡粉基于尼龙的原型烧结粉末 | 尼龙粉末 | 金属模具制造、精铸熔模制造及原型制造 |

### 2. SLS 工艺成型设备

早在 1989 年美国得克萨斯大学奥斯汀分校的 Carl Deckard 就在他的硕士论文中提出了 SLS 的设想，同年，SLS 的初始机型问世，但很快就被湮没在历史中。而后在 1992 年 Carl Deckard 所组建的 DTM 公司推出了 SLS 工艺的商业化生产设备 SinterStation，真正做到了 SLS 工艺的产业化，并于 1992 年、1996 年及 1999 年逐步推出了 SinterStation2000/2500/2500Plus 机型，如图 2-86~图 2-88 所示。

图 2-86　DTM 公司的 SinterStation2000 机型

图 2-87　DTM 公司的 SinterStation2500 机型

---

① 华北工学院：今为中北大学。

其中，SinterStation2500Plus 机型的成型体积相比 SinterStation2000 机型增加了 10%，同时通过对加热系统的优化，减少了辅助时间，提高了成型速度。

在材料方面，DTM 公司每年有数种新产品问世，见表 2-17。其中 DuraForm GF 材料生产的制件，精度更高，表面更光滑；DTM Polycarbonate 铜-尼龙混合粉料，主要用于制作小批量的注塑件；而用 RapidSteel2.0 不锈钢粉制造的模具，可生产 10 万件注塑件，且其收缩率只有 0.2%，其制件可以达到较高的精度和较低的表面粗糙度值，几乎不需要后续的抛光处理。

图 2-88　DTM 公司的 SinterSation2500Plus 机型

**表 2-17　DTM 公司开发的部分 SLS 工艺用成型材料**

| 材料型号 | 材料类型 | 使用范围 |
| --- | --- | --- |
| DuraForm Polyamide | 聚酰胺粉末 | 概念性和测试性制造 |
| DuraForm GF | 添加玻璃珠的聚酰胺粉末 | 能制造微小特征，适合概念性和测试性制造 |
| DTM Polycarbonate | 聚碳酸酯粉末 | 消失模制造 |
| TrueForm Polymer | 聚苯乙烯粉末 | 消失模制造 |
| SandForm Si | 覆膜硅砂 | 砂型（芯）制造 |
| SandForm ZRII | 覆膜锆砂 | 砂型（芯）制造 |
| Copper Polyamide | 铜/聚酰胺复合物 | 金属模具制造 |
| RapidSteel2.0 | 覆膜钢粉 | 功能零件或金属模具制造 |

在国内，也有很多家机构在进行 SLS 的研究，其中华中科技大学的 HRPS-IIIA 激光粉末烧结快速成型机如图 2-89 所示，在 SLS 技术方面该机型有着独特之处。其硬件方面特点如表 2-18 所示。其软件方面特点如表 2-19 所示。

图 2-89　HRPS-IIIA 激光粉末烧结快速成型机

表 2 – 18  HRPS – IIIA 激光粉末烧结系统硬件特点

| 硬件 | 特点 |
|---|---|
| 扫描系统 | 国际著名公司的振镜式动态聚焦系统，速度快（最大扫描速度为 4 m/s）且精度高（激光定位精度小于 50 μm） |
| 激光器 | 美国 $CO_2$ 激光器，稳定性好、可靠性高、模式好、寿命长、功率稳定、可更换气体、性价比高 |
| 新型送粉系统 | 减少烧结辅助时间 |
| 排烟除尘系统 | 及时充分地排除烟尘，防止烟尘影响烧结过程和工作环境 |
| 工作腔结构 | 全封闭式，防止粉尘和高温影响设备关键元器件 |

表 2 – 19  HRPS'2002 软件特点

| 软件 | 特点 |
|---|---|
| 切片模块 | HRPS – STL（基于 STL 文件）模块和 HRPS – PDSLice（基于直接切片文件）模块 |
| 数据处理 | STL 文件识别及重新编码，容错及数据过滤切片，STL 文件可视化和原型制作实时动态仿真功能 |
| 工艺规划 | 多种材料烧结工艺模块（包括烧结参数、扫描方式和成型方向等） |
| 安全监控 | 设备和烧结过程故障自诊断，故障自动停机保护 |

华中科技大学所开发的金属粉末熔化快速成型系统，目前有 HRPM – I 和 HRPM – II 两种型号，可直接制作各种复杂精细结构的金属件及具有随形冷却水道的注塑模、压铸模等金属模具，材料利用率高，其中 HRPM – II 金属粉末熔化快速成型机如图 2 – 90 所示。

图 2 – 90  HRPM – II 金属粉末熔化快速成型机

国内外部分 SLS 工艺成型设备的特性参数如表 2 – 20 所示。

表 2-20　国内外部分 SLS 工艺成型设备的特性参数

| 参数<br>型号 | 研制单位 | 加工尺寸/mm | 层厚/mm | 激光光源 | 激光扫描速度<br>/(m·s$^{-1}$) | 控制软件 |
|---|---|---|---|---|---|---|
| Vanguard<br>si2 SLS | 3D System<br>（美国） | 370×320×445 | | 25 或 100W $CO_2$ | 75（标准）<br>10（快速） | Vanguard HS si2<br>$^{™}$SLS ⓒ system |
| SinterStation<br>2500plus | | 368×318×445 | 0.101 4 | 50W $CO_2$ | | |
| SinterStation<br>2000 | DTM<br>（美国） | $\phi$304.8×381 | 0.076 2 ~<br>0.508 | 50W $CO_2$ | | |
| SinterStation<br>2500 | | 350×250×500 | 0.07 ~ 0.12 | 50W $CO_2$ | | |
| Eosint S750 | | 720×380×380 | 0.2 | 2×100W $CO_2$ | 3 | |
| Eosint M250 | EOS<br>（德国） | 250×250×200 | 0.02 ~ 0.1 | 200W $CO_2$ | 3 | EosRPtools<br>MagicsRP<br>Expert series |
| Eosint P360 | | 340×340×620 | 0.15 | 50W $CO_2$ | 5 | |
| Eosint P700 | | 700×380×580 | 0.15 | 50W $CO_2$ | 5 | |
| AFS-320MZ | 北京隆<br>源公司 | 320×320×435 | 0.08 ~ 0.3 | 50W $CO_2$ | 4 | AFS Control2.0 |
| HRPS-III | 华中科<br>技大学 | 400×400×500 | | 50W $CO_2$ | 4 | HPRS2002 |

### 2.3.3.3　SLS 工艺过程

选择性激光烧结的工艺过程根据材料的不同可分为高分子粉末材料烧结工艺、金属零件间接烧结工艺、金属零件直接烧结工艺、陶瓷粉末烧结工艺。其中高分子粉末材料烧结工艺使用最为广泛，因此这里对其进行详细介绍。

1. 高分子粉末材料烧结工艺

高分子粉末材料烧结一般可以分为前处理、粉层激光烧结叠加以及后处理三个阶段。

（1）前处理。

前处理阶段主要是利用 UG、Pro/E、Catia 等软件完成模型的三维 CAD 造型，并通过 STL 数据转换将模型转换成 STL 格式的数据文件，再将模型 STL 格式的数据文件导入特定的分层软件中进行分层处理，最后将分层数据输入粉末激光烧结快速成型系统中。

（2）粉层激光烧结叠加。

粉末激光烧结快速成型系统会根据接收到的数据，在设定的工艺参数下，自动完成原型的逐层粉末烧结叠加过程。与其他快速成型工艺相比较而言，SLS 工艺中成型区域温度的控制是比较重要的。

加工开始前，需要对成型空间进行预热，对于 PS 高分子材料，预热温度需要达到 100 ℃左右，在预热的过程中需要根据原型结构特点确定制作方位。当摆放位置确认后，将状态调整为加工状态，然后进行层厚、激光扫描速度和扫描方式、激光功率、烧结间距等工艺参数的设置。当成型区域的温度达到预定值，便可开始加工。

在加工过程中，为确保制件烧结质量，减少翘曲变形，需要根据截面的变化，相应地调整粉料预热的温度。当所有叠层自动烧结叠加完毕后，需等待原型部分充分冷却，再取出原型进行后处理。

（3）后处理。

激光烧结后的 PS 原型件，本身的力学性能是比较低的，其表面的光洁度也比较低，既不能满足作为功能件的要求，也不能满足精密铸造的要求，因此，需要对 PS 原型件进行一定的后处理才能在各种场合使用。一般的工艺分为两种：一种是对 PS 原型件进行树脂处理，以提高其强度使其可以用于功能型测试零件。另一种就是使用铸造蜡进行处理，以提高制件的表面光洁度和强度。经过浸蜡处理的制件可作为蜡模直接用于精密铸造。

2. 金属零件间接烧结工艺

该工艺的过程主要分为三个阶段：SLS 原型件（绿件）的制作、粉末烧结件（褐件）的制作、金属熔渗后处理，如图 2-91 所示。SLS 原型件的制作阶段的关键在于选用合理的粉末配比和加工工艺参数的匹配；"褐件"制作阶段的关键在于烧结温度和时间的控制；而金属熔渗后处理阶段的关键在于选用合适的熔渗材料及工艺。

3. 金属零件直接烧结工艺

基于 SLS 工艺的金属零件直接制造工艺流程如图 2-92 所示。

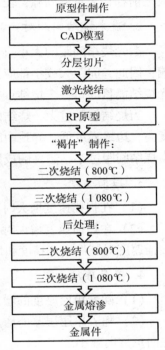

图 2-91　基于 SLS 工艺的金属零件制造过程

图 2-92　基于 SLS 工艺的金属零件直接烧结工艺

### 2.3.3.4　SLS 工艺参数

制件的精度和强度很大程度上受 SLS 工艺参数影响，其中激光和烧结工艺参数，如激光功率、扫描速度和方向及间距、烧结温度、烧结时间以及层厚度等都可能导致烧结体的收缩变形、翘曲变形甚至开裂。

1. 激光功率

（1）随着激光功率的增加，尺寸误差向正方向增大，并且厚度方向的增大趋势要比长宽方向的尺寸误差大；由于激光的方向性，热量只沿着激光束的方向进行传播，所以随着激光功率的增大，厚度方向即激光束方向，更多的粉末烧结在一起。

（2）在激光功率增大时，制件强度也会随着增大，但是激光功率过大会加剧因熔固收缩而导致的制件翘曲变形；当激光功率比较低时，粉末颗粒只是边缘熔化而黏结在一起，颗粒之前存在大量的间隙，使得强度不会很高。

2. 激光烧结间距对产品质量的影响

激光烧结间距的大小直接影响能量在粉末中的分布，对烧结出的产品质量有重要的影响，因此，间距大或小都应该有一个界限，界限由截面强度分布和光斑直径确定，即要求激光烧结能量的每一个烧结点在平面上是均匀分布的。过大或过小将出现以下情况：

当烧结间距过大，烧结的能量在平面上的每一个烧结点的均匀性降低，激光光斑中间温度高，边缘温度低，导致中间部分烧结密度高，边缘烧结不牢固，使烧结制件的强度减小；当烧结间距过小，制件的成型效率将会严重降低。

3. 扫描速度

（1）在扫描速度增大时，尺寸误差向负误差的方向减小，强度减小。

（2）在扫描速度增大时，单位面积上的能量密度减小，相当于减小了激光功率，因此扫描速度对制件尺寸精度和性能的影响正好与激光功率的影响相反。

4. 单层厚度

（1）随着单层厚度的增加，烧结制件的强度减小。

（2）随着单层层厚的增加，需要熔化的粉末增加，向外传递的热量减少，使得尺寸误差向负方向减小。

（3）单层层厚对成型效率有很大的影响，单层层厚越大，成型效率越高。

### 2.3.3.5 SLS 的特点及应用

1. SLS 技术的特点

SLS 技术的特点如表 2-21 所示。

表 2-21　SLS 技术的特点

| 优点 | 缺点 |
| --- | --- |
| 材料的多样性 | 原型制作易变形 |
| 过程易操作 | 后处理复杂 |
| 材料利用率高 | 需要预热、冷却 |
| 无须支撑结构 | 成型表面粗糙多孔 |
| 模具的强度高 | 污染环境 |

**2. SLS 技术的应用**

经过几十年的发展，SLS 技术已经在汽车、造船、航天和航空等诸多行业得到了全面应用，同时为传统制造业带来了技术革新。总的来说，SLS 工艺可以应用于以下一些场合。

（1）零件原型和模型。快速原型制造可快速制造设计的零件原型，及时进行评价、修正以提高产品的设计质量；使客户获得直观的零件模型；制造教学、实验用复杂模型。

（2）快速模具和工具制造。将 SLS 制造的零件直接作为模具使用，如砂型铸造用模、金属冷喷模、低熔点合金模等；也可将成型件经后处理后作功能性零部件使用。

（3）单件或小批量生产。对于那些不能批量生产或形状很复杂的零件，利用 SLS 技术来制造，可降低成本和节约生产时间，这对航空航天及国防工业具有重大意义。

**3. SLS 制品**

图 2-93~图 2-95 所示为 SLS 制品。

图 2-93 翼龙模型

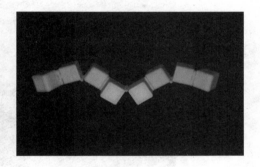

图 2-94 活动链连接

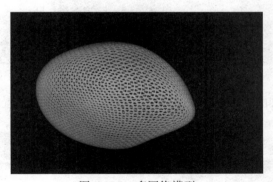

图 2-95 多网络模型

**2.3.3.6 项目实现**

球的制作过程如下所述。

**1. 前处理**

（1）利用三维造型软件 UG6.0 进行球设计，如图 2-96 所示，然后将其导出为 STL 格式文件。

图 2-96 三维球模型

（2）三维模型的切片处理。

将球的 STL 文件导入切层软件中进行切层处理。

①导入零件，如图 2-97 所示。

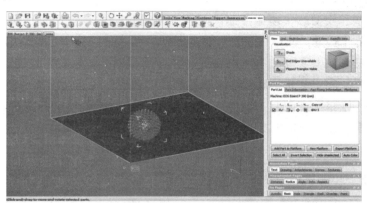

图 2-97　零件的导入

②调整零件位置，如图 2-98 所示。

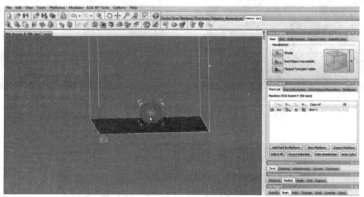

图 2-98　零件位置的调整

③保存 STL 文件，如图 2-99 所示。

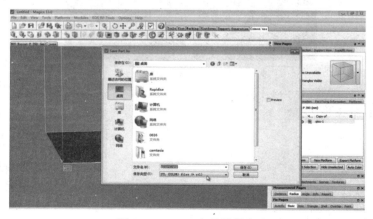

图 2-99　STL 文件的保存

④利用特定软件进行数据切层，如图 2 - 100 所示。

## 2. 分层叠加过程

将保存的切片数据导入机器，开始打印（事先预热），如图 2 - 101 所示。

图 2 - 100 数据切层

图 2 - 101 分层叠加

## 3. 后处理

原型部分充分冷却后，将其拿出，如图 2 - 102 所示。

然后将其放到后处理工作台上，取出原型，如图 2 - 103 所示。

图 2 - 102 原型的冷却

图 2 - 103 原型的取出

最后去除多余粉末，得到制件，如图 2-104 所示。

图 2-104 成型制件

### 2.3.4 三维打印（3DP）技术

三维打印技术（Three Dimensional Printing）才是真正的 3D 打印。因为这项技术和平面打印非常相似，甚至连打印头都是直接用平面打印机的。3DP 技术根据打印方式不同又可以分为热爆式三维打印、压电式三维打印和 DLP 投影式三维打印等。这里我们主要介绍常见的热爆式三维打印。它所用的材料与 SLS 类似，也是粉末状材料，所不同的是粉末材料并不是通过烧结连接起来，而是通过喷头喷出的黏结剂将零件的截面"印刷"在粉末材料上。

3DP 所用的设备一般有两个箱体，一边是储粉缸，另一边是成型缸。工作时，由储粉缸推送出一定分量的成型粉末材料，并用滚筒将推送出的粉末材料在加工平台上铺成薄薄一层（一般为 0.1 mm），打印头根据数据模型切片后获得的二维片层信息喷出适量的黏合剂，黏住粉末成型，做完一层，工作平台自动下降一层的厚度，重新铺粉黏结，如此循环便会得到所需的产品（图 2-105）。

3DP 的原理和打印机非常相似，这也是三维打印这一名称的由来。它最大的特点是小型化和易操作，适用于商业、办公、科研和个人工作室等场

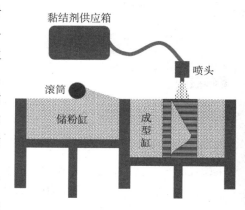

图 2-105 热爆式 3DP 技术示意图

合，但缺点是精度和表面光洁度都较低。因此在打印方式上的改进必不可少，例如压电式三维打印虽然类似于传统的二维喷墨打印，但可以打印超高精细度的样件，适用于小型精细零件的快速成型，相对于 SLA，设备更容易维护，表面质量也较好。

#### 2.3.4.1 三维喷涂黏结快速成型工艺

1. 三维喷涂黏结快速成型工艺的基本原理

美国麻省理工学院开发的粉末材料三维喷涂黏结（Three Dimensional Printing Gluing,

3DPG）快速成型工艺的工作过程与喷墨打印机相似。将材料粉末（如陶瓷粉末、金属粉末、塑料粉末等）用类似于 SLS 工艺的过程，不使用激光烧结，直接通过喷头喷涂黏结剂（如硅胶）将零件的截面"印刷"在材料粉末上面。这种方法获得的零件强度较低，需要烧掉黏结剂，于高温环境下渗入金属使零件致密化等后处理过程以提高强度。其工艺原理如图 2-106 所示，首先按照设定的层厚进行铺粉，随后根据每层叠层的截面信息，利用喷嘴按指定路径将液态黏结剂喷在预先铺好的粉层特定区域，之后将工作台下降一个层厚的距离，继续进行下一叠层的铺粉，逐层黏结后去除多余底料以得到所需形状制件。

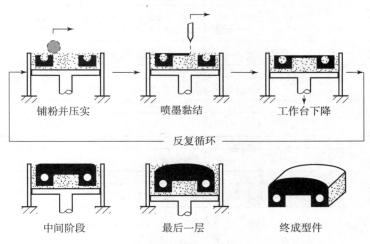

图 2-106　三维喷涂黏结快速成型工艺原理

2. 三维喷涂黏结快速成型工艺的特点

三维喷涂黏结快速成型制造技术在将固态粉末生成三维零件的过程中，与传统方法有着许多不同，如表 2-22 所示。

表 2-22　三维喷涂黏结快速成型工艺的特点

| 优点 | 缺点 |
| --- | --- |
| 成本低 | 模型精度差 |
| 材料广泛 | 表面较粗糙 |
| 成型速度快 | 零件易变形 |
| 安全性好 | 易出现裂纹 |
| 应用范围广 | 模型强度低 |

3. 三维喷涂黏结快速成型工艺过程

三维喷涂黏结快速成型技术制作模型的过程与 SLS 工艺过程类似，下面以利用该方法制作陶瓷制品为例，简单介绍其工艺过程，如图 2-107 所示。

1. 利用三维CAD系统完成所需生产的零件的模型设计

2. 在计算机中将模型生成STL文件，利用专用软件将其切成薄片

3. 将每一层在计算机中分成矢量数据，控制黏结剂喷头移动的走向和速度

4. 用专用铺粉装置将陶瓷粉末铺在活塞台面上

5. 用校平鼓将粉末滚平，粉末的厚度等于计算机切片处理中片层的厚度

6. 按步骤3的要求利用计算机控制的喷头进行扫描喷涂黏结

7. 计算机控制活塞使之下降一个片层厚度

8. 重复步骤4、5、6、7四步，一层层地将整个零件坯体制作出来

9. 取出零件坯，去除未黏结的粉末，并将这些粉末回收

10. 在温控炉中对零件坯进行焙烧后续处理

图 2 – 107　三维喷涂黏结快速成型工艺过程

## 4. 三维喷涂黏结快速成型制品

图 2 – 108 ~ 图 2 – 110 所示为三维喷涂黏结快速成型制品。

图 2 – 108　结构陶瓷制品

图 2 – 109　注射模具

图 2 – 110　金属制件

5. 三维喷涂黏结快速成型技术若干问题

（1）成型材料性能要求（表2-23）。

表2-23　成型材料性能要求

| 粉末材料基本要求 | 黏结液基本要求 |
| --- | --- |
| 颗粒小，尺度均匀 | 易于分散且稳定，可长期储存 |
| 流动性好，确保供粉系统不堵塞 | 不腐蚀喷头 |
| 熔滴喷射冲击时不产生凹坑、溅散和空洞 | 黏度低，表面张力高 |
| 与黏结液作用后固化迅速 | 不易干涸，能延长喷头抗堵塞时间 |

（2）基本工艺参数。

三维喷涂黏结快速成型的基本工艺参数有喷头到粉末层的距离、粉层厚度、喷射和扫描速度、辊子运动参数、每层间隔时间等。若制件精度及强度要求高，层厚取值就要小；而黏结液与粉末空隙的体积比取决于层厚、喷射量及扫描速度，会大大影响制件的性能和质量；同时需根据制件精度与质量、时间的要求及层厚等因素综合考虑喷射与扫描速度。

（3）成型速度。

三维喷涂黏结快速成型工艺的成型速度受黏结剂喷射量的限制，美国麻省理工学院开发了面积为 0.5 m×0.5 m 时每层成型速度为 5 m/s 的点滴式系统和成型速度仅为 0.025 m/s 的连续式系统。

（4）成型精度。

喷涂黏结时制作的模型坯的精度和模型坯经后续处理（焙烧）后的精度将决定整个模型的精度。

### 2.3.4.2　喷墨式三维打印快速成型工艺

就像三维喷涂黏结快速成型工艺的建造过程与SLS工艺相似一样，喷墨式三维打印快速成型工艺的建造过程与FDM工艺相似，其喷头与喷墨式打印机的打印头更接近，与喷涂黏结工艺不同的是，其累积的叠层不是通过铺粉后喷射黏结液固化形成的，而是从喷射头直接喷射液态的工程塑料瞬间凝固而形成的，如图2-111所示。

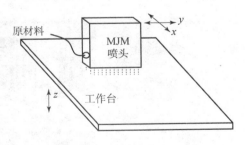

图2-111　喷墨三维打印原理

其中，多喷嘴喷射成型是喷墨式三维打印设备的主要成型方式，喷嘴呈线性分布，喷嘴数量越多，打印精度（分辨率）越高，如3D Systems公司的ProJet6000型设备。微熔滴直径的大小决定了其成型的精度或打印分辨率的高低，喷嘴数量的多少决定了成型效率的高低。

### 2.3.4.3　三维打印快速成型设备及材料

三维打印快速成型技术是继SLA、LOM、SLS和FDM四种快速成型工艺技术后发展前景最好的一项快速成型技术。目前,使用该技术开发出来的部分商品化设备机型有 Z Corp 公司的 Z 系列,Objet 公司的 Eden 系列、Connex 系列及桌上型 3D 打印系统,3D Systems 公司开发的 Personal Printer 系列与 Professional 系列以及 Solidscape 公司(原 Sanders Prototype Inc.)的 T 系列等。

### 1. Z Corp 公司开发的设备

Z Corp 公司开发的设备如表 2 – 24 及图 2 – 112 ~ 图 2 – 115 所示。

**表 2 – 24　Z Corp 公司设备参数**

| 参数 ＼ 型号 | Z150 | Z250 | Z350 | Z450 | Z650 |
|---|---|---|---|---|---|
| 颜色 | 白 | 64 色 | 白 | 180 000 色 | 390 000 色 |
| 分辨率 | 300 × 450 | 300 × 450 | 300 × 450 | 300 × 450 | 600 × 540 |
| 最小特征尺寸/mm | 0.4 | 0.4 | 0.15 | 0.15 | 0.10 |
| 建造速度 /(mm · h⁻¹) | 20 | 20 | 20 | 23 | 28 |
| 模型尺寸/ (mm × mm × mm) | 236 × 185 × 127 | 236 × 185 × 127 | 203 × 254 × 203 | 203 × 254 × 203 | 254 × 381 × 203 |
| 层厚/mm | 0.1 | 0.1 | 0.089 ~ 0.102 | 0.089 ~ 0.102 | 0.089 ~ 0.102 |
| 喷头数量 | 304 | 604 | 304 | 604 | 1 520 |
| 数据格式 | STL、VRML、PLY、3DS、ZPR | STL、VRML、PLY、3DS、ZPR | STL、VRML、PLY、3DS、ZPR | STL、VRML、PLY、3DS、ZPR | STL、VRML、PLY、3DS、ZPR |
| 设备尺寸/ (mm × mm × mm) | 740 × 790 × 1 400 | 740 × 790 × 1 400 | 1 220 × 790 × 1 400 | 1 220 × 790 × 1 400 | 1 880 × 740 × 1 450 |

图 2 – 112　Z Corp 公司的 Z150 设备
及其制作的白色模型

图 2 – 113　Z Corp 公司的 Z250 设备
及其制作的彩色模型

图 2 – 114　Z Corp 公司的 Z350 设备及其制作的白色模型

图 2 – 115　Z Corp 公司的 Z650 设备及其制作的彩色模型

## 2. Objet 公司开发的设备及材料

Objet 公司开发的设备及材料如表 2 – 25 ~ 表 2 – 27 及图 2 – 116 ~ 图 2 – 119 所示。

**表 2 – 25　Objet 公司开发的系列三维打印快速成型设备一览表**

| 型号 / 参数 | Connex500™ | Connex350™ | Eden500V | Eden350 | Objet30 |
|---|---|---|---|---|---|
| 成型托盘尺寸/（mm×mm×mm） | 500×400×200 | 350×350×200 | 500×400×200 | 350×350×200 | 300×200×150 |
| 净成型尺寸/（mm×mm×mm） | 490×390×200 | 342×342×200 | 490×390×200 | 340×340×200 | 294×192.7×148.6 |
| 层厚/μm | 16 | 16 | 16 | 16 | 28 |
| 分辨率 | 600×600×1 600 | 600×600×1 600 | 600×600×1 600 | 600×600×1 600 | 600×600×900 |
| 精度/mm | 0.1~0.3 | 0.1~0.3 | 0.1~0.3 | 0.1~0.3 | 0.10 |
| 数据格式 | STL，SLC，objDF | STL，SLC，objDF | STL，SLC | STL，SLC | STL，SLC |
| 喷头 | SHR（单体更换打印头），8 组单元 | SHR（单体更换打印头），8 组单元 | SHR（单体更换打印头），8 组单元 | SHR（单体更换打印头），8 组单元 | SHR（单体更换打印头），两个喷射头 |
| 设备尺寸/（mm×mm×mm） | 1 420×1 120×1 130 | 1 420×1 120×1 130 | 1 320×990×1 200 | 1 320×990×1 200 | 825×620×590 |

（a）　　　　　　　　　　　（b）

图 2 – 116　Objet 公司的 Connex 型号设备图

（a）Connex500™；（b）Connex350™

图 2 – 117　Objet 公司的 Objet260 型号设备　　　　图 2 – 118　Objet 公司的 Eden 型号设备

（a）　　　　　　　　　　　（b）

图 2 – 119　Objet 系列设备

（a）Objet24；（b）Objet30

表 2 – 26　**Objet 系统使用的类似工程塑料的材料性能指标**

| 型号<br>指标 | RGB5160 – DM | RGD525 | FullCure720 | FullCure840 | FullCure430 | MED610 |
|---|---|---|---|---|---|---|
| 基本特性 | 类 ABS | 耐高温 | 透明 | 非透明 | 类 PP | 透明 |
| 抗拉强度/MPa | 55 ~ 60 | 70 ~ 80 | 50 ~ 65 | 50 ~ 60 | 20 ~ 30 | 50 ~ 65 |
| 延伸率/% | | 10 ~ 15 | 15 ~ 25 | 15 ~ 25 | 40 ~ 50 | 10 ~ 25 |
| 弹性模量/MPa | 2 600 ~ 3 000 | 3 200 ~ 3 500 | 2 000 ~ 3 000 | 2 000 ~ 3 000 | 1 000 ~ 2 000 | 2 000 ~ 3 000 |
| 弯曲强度/MPa | 65 ~ 75 | 110 ~ 130 | 80 ~ 110 | 60 ~ 70 | 30 ~ 40 | 75 ~ 110 |

续表

| 型号<br>指标 | RGB5160 - DM | RGD525 | FullCure720 | FullCure840 | FullCure430 | MED610 |
|---|---|---|---|---|---|---|
| 弯曲模量/MPa | 1 700 ~ 2 200 | 3 100 ~ 3 500 | 2 700 ~ 3 300 | 1 900 ~ 2 500 | 1 200 ~ 1 600 | 2 200 ~ 3 200 |
| 热挠曲温度<br>/℃@0.45 MPa<br>/1.82 MPa | 56 ~ 68/<br>51 ~ 55 | 63 ~ 67/<br>55 ~ 57 | 45 ~ 50 | 45 ~ 50 | 37 ~ 42/<br>32 ~ 34 | 45 ~ 50 |
| 冲击韧性<br>/(J·m$^{-2}$) | 65 ~ 80 | 14 ~ 16 | 20 ~ 30 | 20 ~ 30 | 40 ~ 50 | 20 ~ 30 |
| 玻璃化转变温度<br>$T_g$/℃ | 47 ~ 53 | 62 ~ 65 | 48 ~ 50 | 48 ~ 50 | 35 ~ 37 | |
| 肖氏硬度/HSD | 85 ~ 87 | 87 ~ 88 | 83 ~ 86 | 83 ~ 86 | 74 ~ 78 | 83 ~ 86 |

表 2 - 27　**Objet** 系统使用的部分类似于橡胶的材料的性能指标

| 型号<br>指标 | FullCure980&FullCure930 | FullCure970 | FullCure950 |
|---|---|---|---|
| 基本特性 | 类橡胶 | | |
| 抗拉强度/MPa | 0.8 ~ 1.5 | 1.8 ~ 2.4 | 3 ~ 5 |
| 延伸率/% | 170 ~ 220 | 45 ~ 55 | 45 ~ 55 |
| 压缩率/% | 4 ~ 5 | 0.5 ~ 1.5 | 0.5 ~ 1.5 |
| 肖氏硬度/HSD | 26 ~ 28 | 60 ~ 62 | 73 ~ 77 |
| 抗撕裂阻力/(kg·cm$^{-1}$) | 2 ~ 4 | 3 ~ 5 | 8 ~ 12 |
| 聚合后的密度/(g·cm$^{-3}$) | 1.12 ~ 1.13 | 1.12 ~ 1.13 | 1.16 ~ 1.17 |

**3. 3D Systems 公司开发的设备及材料**

作为快速成型设备全球最早的设备供应商，3D Systems 公司在引领 SLA 光固化快速成型技术的同时一直致力研发不同的快速成型技术与服务工作。在并购 Z Corp 公司后为满足不同用户的需求推出了 Personal 系列与 Professional 系列的 3D 打印设备，主要有 Glider、Axis Kit、RapMan、3D Touch、Pro-Jet 1000、ProJet 1500、V - Flash 等型号。

其中 Glider 三维打印机为建造速度为 23mm/h 的 508（W）mm × 406.4（D）mm × 355.6（H）mm 的 7 kg 的 3D 打印机，能制作层厚 0.3 mm、喷嘴直径 0.5 mm、位置精度 0.1 mm 的约 203（W）mm × 203（D）mm × 140（H）mm 的模型，如图 2 - 120 所示。

图 2 - 120　3D Systems 公司的 Gilder 3D 打印机

而 3D Touch 3D 打印机为单头、双头和三头等型号增加了触摸屏，质量为 38 kg、尺寸为 600 mm×600 mm×700 mm，以适用于家庭、学校教室及办公室等场所的需求，如图 2-121 所示。

上述两种 3D 打印设备使用的是直径 3 mm 的 PLA（白、蓝、绿）和 ABS（黑、红）丝材，如图 2-122 所示，其基本参数见表 2-28。

图 2-121　Systems 公司的 3D Touch 3D 打印机　　　图 2-122　Personal 3D 打印机所使用的丝材

表 2-28　3D Systems Personal 3D 打印机使用材料的基本参数

| 型号<br>指标 | ABS | | PLA | |
|---|---|---|---|---|
| | 白色 | 彩色 | 不透明 | 透明 |
| 打印温度/℃ | 240~245 | 243~248 | 210~225 | 210~220 |
| 首层温度/℃ | 230 | 232 | 200 | 200 |
| 基底材料 | Acrylic/ABS | | MDF/Acrylic | |
| 丝材直径/mm | 3.0 | | 3.0 | |
| 单卷质量/kg | 1.0 | | 1.0 | |

个人打印机具有更高的打印分辨率和速度、更明亮的色彩，打印的模型耐久性更好，其设备主要参数如表 2-29 所示，设备如图 2-123 所示。

表 2-29　打印机设备参数

| 型号<br>参数 | ProJet 1000 | ProJet 1500 | V-Flash |
|---|---|---|---|
| 模型最大尺寸/<br>（mm×mm×mm） | 171×203×178 | 171×228×203 | 228×171×203 |
| 分辨率 | 1 024×768 | 1 024×768 | 1 024×768 |
| 层厚/μm | 102 | 102（高速模式为 152） | 102 |
| 垂直建造速度/(mm·h⁻¹) | 12.7 | 12.7（高速模式为 20.3） | |

| 参数＼型号 | ProJet 1000 | ProJet 1500 | V - Flash |
|---|---|---|---|
| 最小特征尺寸/mm | 0.254 | 0.254 | 0.64 |
| 最小垂直壁厚/mm | 0.64 | 0.64 | 0.64 |
| 材料颜色 | 白色 | 白、红、灰、蓝、黑、黄色 | 黄色和乳白色 |
| 数据格式 | STL、CTL | | STL |
| 外轮廓尺寸/(mm×mm×mm) | 555×914×724 | 555×914×724 | 666×685×787 |
| 设备质量/kg | 55.3 | 55.3 | 66 |

图2-123　3D Systems公司的ProJet 1000/1500/V - Flash 3D打印机

所使用的材料为VisiJet FTI，其性能如表2-30所示。

表2-30　VisiJet FTI性能指标

| 指标＼型号 | 白色 | 红色 | 灰色 | 蓝色 | 黑色 | 黄色 |
|---|---|---|---|---|---|---|
| 单卷质量/kg | 2 | 2 | 2 | 2 | 2 | 2 |
| 密度(液态)/(g·cm$^{-3}$) | 1.08 | 1.08 | 1.08 | 1.08 | 1.08 | 1.08 |
| 抗拉强度/MPa | 12~22 | 8~18 | 8~18 | 10~24 | 13~25 | 15~29 |
| 拉伸模量/MPa | 800~1 200 | 400~600 | 600~1 000 | 600~1 300 | 600~1 000 | 800~1 500 |
| 延伸率/% | 2~3 | 2~4 | 2~3 | 2~3 | 2~4 | 2~3 |
| 弯曲强度/MPa | 23~34 | 16~22 | 20~36 | 13~29 | 19~34 | 29~53 |
| 弯曲模量/MPa | 750~1 100 | 500~700 | 700~1 000 | 300~800 | 600~1 000 | 900~1 400 |
| 热挠曲温度/℃ | 52 | 50 | 45 | 47 | 50 | 52 |
| 冲击韧性/(J·m$^{-2}$) | 16 | 17 | 17 | 16 | 17 | 19 |
| 玻璃化转变温度$T_g$/℃ | 47~53 | 62~65 | 48~50 | 48~50 | 35~37 | |
| 肖氏硬度/HSD | 77~80 | 65~70 | 75~80 | 70~80 | 75~82 | 72~85 |

#### 2.3.4.4　项目实现

花瓶的制作步骤如下所述。

1. 前处理

（1）利用三维造型软件 UG6.0 进行花瓶设计，如图 2 - 124 所示，然后将其导出为 STL 格式。

（2）将 STL 格式文件导入 3DPrint 分层软件中进行切片处理。

2. 分层叠加过程

将导出的文件传输到机器上，开始打印，如图 2 - 125 所示。

图 2 - 124　花瓶三维模型图　　　　　图 2 - 125　分层叠加过程

3. 后处理

打印结束得到 3D 制件，如图 2 - 126 所示。

利用气枪去除多余粉末，得到较完整、清晰的制件，如图 2 - 127 所示。

图 2 - 126　3D 制件图　　　　　图 2 - 127　制件成品图

最后涂刷一层胶水用来加固，如图 2 - 128 所示。

## 2.3.5 叠层实体制造（LOM）技术

LOM 成型工艺用激光切割系统按照 CAD 分层模型所获得的物体截面轮廓线数据，用激光束将单面涂有热熔胶的片材切割成所制零件的内外轮廓，切割完一层后，送料机构将新的一层片材叠加上去，利用加热黏压装置将新一层材料和已切割的材料黏合在一起，然后再进行切割，这样反复逐层切割黏合，直至整个零件模型制作完毕（图 2-129），之后去除多余的部分取出制件即可。激光切割时，除了切割出制件的轮廓线，也会将无轮廓线的区域切成小方网格（图 2-130）。网格越小，越容易剔除废料，但花费的时间也相应较长；否则反之。

图 2-128　加固后制件

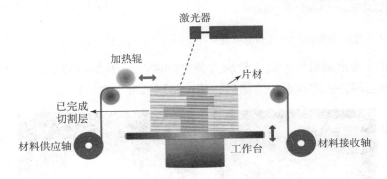

图 2-129　LOM 技术示意图

LOM 常用的材料是纸、金属箔、塑料薄膜、陶瓷膜或其他复合材料等，这种方法除了可以制造模具、模型外，还可以直接制造结构件或功能件。叠层制造技术工作可靠、模型支撑性好、成本低、效率高，但是前后处理都比较费时费力，也不能制造中空的结构件。主要用于快速制造新产品样件、模型或铸造用的木模。

### 2.3.5.1 LOM 工艺基本原理和特点

1. LOM 工艺基本原理

在 LOM 工艺过程中，首先需要在工作台上制作基底，使工作台下降，送纸滚筒送进一个步距的纸材后回升工作台，热压滚筒滚压背面涂有热熔胶的纸材，将当前叠层与原先制作好的叠层或基底粘贴在一起，同时 $CO_2$ 激光器按照计算机提取的横截面轮廓线在刚黏结的新层上切割出零件截面轮廓和工件外框，并将无轮廓区切割成小方网格以便在成型之后能剔除废料，激光切割完成后，升降工作台带动已成型的工件下降，与带状片材分离；供料机构转动收料轴和供料轴，带动片材移动，使新层移到加工区域；升降工作台上升到加工平面，用热压辊热压，再在新层上切割截面轮廓，如此反复直至零件的所有截面切割、黏结完，即可得到完整的三维实体零件，如图 2-131 所示。

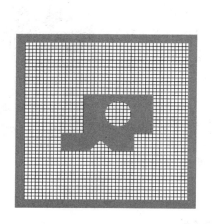

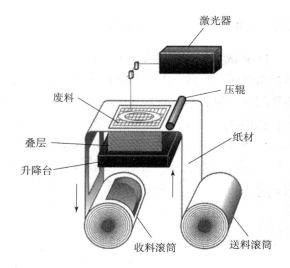

图 2 – 130　LOM 激光切割的轮廓线和方格线　　　　图 2 – 131　LOM 工艺原理

由叠层实体快速成型机切割截面轮廓并叠合的制品见图 2 – 132（a），其中，所需的工件被废料小方格包围，去除这些小方格后，便可得到三维工件，如图 2 – 132（b）所示。

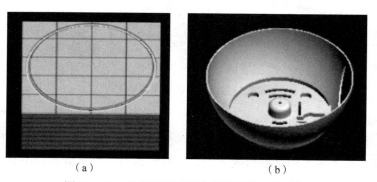

（a）　　　　　　　　　　　　　（b）

图 2 – 132　轮廓切割和叠合制品图及三维工件

## 2. LOM 工艺特点

LOM 工艺有着很多优点，但也有着许多不足之处，见表 2 – 31。

表 2 – 31　LOM 技术优缺点

| 优点 | 缺点 |
| --- | --- |
| 易于制作大尺寸制件 | 不能直接制作塑料工件 |
| 无须设计和制作支撑结构 | 抗拉强度差 |
| 原型精度高（小于 0.15 mm） | 弹性差 |
| 原材料价格便宜，制作成本低 | 工件易吸湿膨胀 |
| 硬度高，力学性能好 | 工件需加工打磨 |
| 可靠性高，寿命长 | |

### 2.3.5.2 LOM 工艺成型材料与设备

#### 1. LOM 成型材料

LOM 工艺中的成型材料涉及三个方面的问题，即薄层材料、黏结剂和涂布工艺。薄层材料可分为纸、塑料薄膜、金属箔等。目前的 LOM 成型材料中的薄层材料多为纸材，而黏结剂一般为热熔胶。纸材料的选取、热熔胶的配置及涂布工艺均要从最终成型零件的质量及成本出发，下面就纸的性能、热熔胶的要求及涂布工艺进行简要介绍。

（1）纸的性能。

在选取纸材料时需要考虑多方面的因素，如图 2－133 所示。

（2）热熔胶的要求。

在选取热熔胶时同样需要考虑多个方面，如图 2－134 所示。

（3）涂布工艺。

涂布工艺包括涂布形状和涂布厚度两个方面。涂布形状是指采用均匀涂布还是非均匀涂布，而非均匀涂布又有多种形状。均匀涂布采用狭缝式刮板进行涂布；非均匀涂布则采用条纹式和颗粒式，这种方式可以减小应力集中，设备比较贵。涂布厚度是指在纸材上涂胶的厚度，在保证可靠黏结的情况下，应尽可能涂得

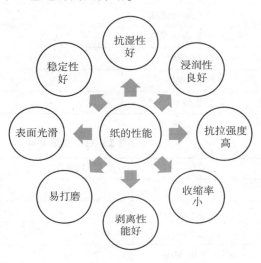

图 2－133 影响纸性能的因素

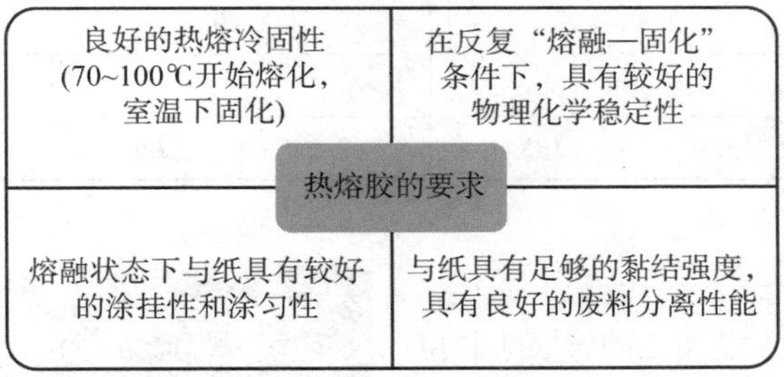

薄，减少变形、溢胶和错移是选择涂布厚度的原则。表 2－32 和表 2－33 分别是新加坡 KINERGY公司及美国 Cubic Technologies 公司的纸材物性指标。

图 2－134 热熔胶的要求

**表 2－32 新加坡 KINERGY 公司的纸材物性指标**

| 型号 | K－01 | K－02 | K－03 |
|---|---|---|---|
| 宽度/mm | 300～900 | 300～900 | 300～900 |
| 厚度/mm | 0.12 | 0.11 | 0.09 |

续表

| 型号 | K-01 | K-02 | K-03 |
|---|---|---|---|
| 黏结温度/℃ | 210 | 250 | 250 |
| 成型后的颜色 | 浅灰 | 浅黄 | 黑 |
| 成型过程翘曲变形 | 很小 | 稍大 | 小 |
| 成型件耐温性 | 好 | 好 | 很好（>200 ℃） |
| 成型件表面硬度 | 高 | 较高 | 很高 |
| 成型件表面光亮度 | 好 | 很好 | 好 |
| 成型件表面抛光性 | 好 | 好 | 很好 |
| 成型件弹性 | 一般 | 好 | 一般 |
| 废料剥离性 | 好 | 好 | 好 |
| 价格 | 较低 | 较低 | 较高 |

表 2-33　美国 Cubic Technologies 公司的纸材物性指标

| 型号 | LPH 042 | | LXP 050 | | LGF 045 | |
|---|---|---|---|---|---|---|
| 材质 | 纸 | | 聚酯 | | 玻璃纤维 | |
| 密度/(g·cm⁻³) | 1.449 | | 1.0~1.3 | | 1.3 | |
| 纤维方向 | 纵向 | 横向 | 纵向 | 横向 | 纵向 | 横向 |
| 弹性模量/MPa | 2 524 | | 3 435 | | | |
| 拉伸强度/MPa | 26 | 1.4 | 85 | | >124.1 | 4.8 |
| 压缩强度/MPa | 15.1 | 115.3 | 17 | 52 | | |
| 压缩模量/MPa | 2 192.9 | 406.9 | 2 460 | 1 601 | | |
| 最大变形程度/% | 1.01 | 40.4 | 3.58 | 2.52 | | |
| 弯曲强度/MPa | 2.8~4.8 | | 4.3~9.7 | | | |
| 玻璃化转变温度/℃ | 30 | | | | 53~127 | |
| 膨胀系数/(×10⁻⁶·K⁻¹) | 3.7 | 185.4 | 17.2 | 229 | X: 3.9; Y: 15.5 | Z: 111.1 |

### 2. LOM 工艺成型设备

目前研究 LOM 成型设备和工艺的单位有美国的 Helisys 公司、日本的 Kira 公司和 Sparx 公司、以色列的 Solidimension 公司、新加坡的 Kinergy 公司以及国内的华中科技大学和清华大学。其主要设备如图 2-135~图 2-138 所示。

图 2-135　Helisys 公司的 LOM-2030 机型

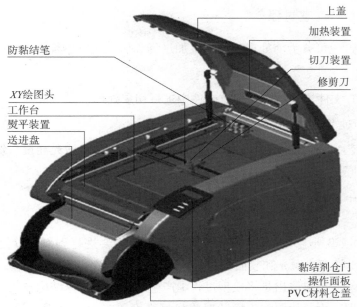

上盖

加热装置

切刀装置

修剪刀

防黏结笔

XY绘图头

工作台

熨平装置

送进盘

黏结剂仓门

操作面板

PVC材料仓盖

图 2－136　Solidimension 公司开发的 SD300 叠层打印机

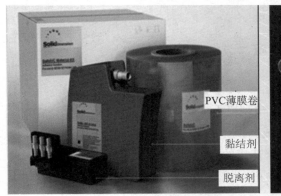

PVC薄膜卷

黏结剂

脱离剂

图 2－137　SD300 叠层打印机耗材配件及制作的模型

图 2－138　HRP 系列薄材叠层快速成型机

### 2.3.5.3　LOM 工艺过程

LOM 的工艺过程可分为前处理、分层叠加过程和后处理三个阶段。

1. 前处理

将零件的 STL 文件导入对应的切层软件中进行切层处理。

2. 分层叠加过程

（1）设置工艺参数：激光切割速度、加热辊温度及压力、激光能量、切碎网格尺寸；

（2）制作基底；

（3）制作原型。

3. 后处理

从 LOM 快速成型机上取出埋在叠层块中的原型，需要进行剥离，以便去除废料，有的还需要进行修补、打磨、抛光和表面强化处理等，这些工序统称为后处理。

（1）余料去除：余料取出是将成型过程中产生的废料、支撑结构与工件分离；

（2）后置处理：为了使原型表面状况或机械强度等方面完全满足最终需要，保证其尺寸稳定性及精度等方面的要求，需对其进行后置处理。通常所采用的后置处理工艺是修补、打磨、抛光和表面涂覆等。

### 2.3.5.4　提高 LOM 质量的措施

1. 叠层实体原型制作误差分析

在叠层实体原型制作的过程中会出现以下误差。

（1）CAD 模型 STL 文件输出造成的误差；

（2）切片软件 STL 文件输入设置造成的误差；

（3）成型过程误差：不一致的约束，成型功率控制不当，切碎网格尺寸、工艺参数不稳定导致的误差；

（4）设备精度误差：激光头的运动定位精度、$Y$ 轴系导轨垂直度、$Z$ 轴与工作台面垂直度引起的误差；

（5）成型之后环境变化引起误差：热变形、湿变形引起的误差。

2. 提高叠层实体原型制作精度的措施

一般会采用以下方法来提高叠层实体原型的制作精度。

（1）根据零件形状的复杂程度来进行 STL 转换，在保证成型件形状完整平滑的前提下，尽量避免过高的精度；

（2）将 STL 文件输出精度的取值与对应的原型制作设备上切片软件的精度相匹配；

（3）将精度要求较高的轮廓（例如，有较高配合精度要求的圆柱、圆孔），尽可能放置在 $X–Y$ 平面，避免模型的成型方向对工件品质（尺寸精度、表面粗糙度、强度等）、材料成本和制作时间产生影响；

（4）在保证易剥离废料、提高成型效率的前提下，根据不同的零件形状尽可能减小网格线长度；

（5）采用新的材料和新的涂胶方法并改进后处理方法来控制制件的热湿变形。

### 2.3.5.5 原型的吸湿性及涂漆防湿效果试验

从表2-34可以看出，未经任何处理的叠层块对水分十分敏感，在水中浸泡10 min，叠层方向便涨高45 mm，增长41%，而且水平方向的尺寸也略有增长，吸入水分的质量达164 g，说明未经处理的LOM原型是无法在水中使用的，或者在潮湿环境中不宜存放太久。为此，将叠层块涂上薄层油漆进行防湿处理，在相同浸水时间内，涂一层漆后的叠层块叠层方向仅增长3 mm，吸水质量仅4 g；当涂刷两层漆后，原型尺寸已得到稳定控制，防湿效果十分理想。

**表2-34 叠层块的湿变形引起的尺寸和质量变化**

| 处理方式 | 叠层块初始尺寸/（mm×mm×mm） | 叠层块初始质量/g | 置入水中后的尺寸/（mm×mm×mm） | 叠层方向增长高度/mm | 置入水中后的质量/g | 吸入水分的质量/g |
|---|---|---|---|---|---|---|
| 未经过处理的叠层块 | 65×65×110 | 436 | 67×67×155 | 45 | 590 | 164 |
| 刷一层漆的叠层块 | 65×65×110 | 436 | 65×65×113 | 3 | 440 | 4 |
| 刷两层漆的叠层块 | 65×65×110 | 438 | 65×65×110 | 0 | 440 | 2 |

### 2.3.5.6 LOM工艺后置处理中的表面涂覆

**1. 表面涂覆的必要性**

为了提高原型的性能及有利于表面打磨，LOM原型在经过余料去除后需要进行表面涂覆处理，而表面涂覆对原型有很多好处，可使原型更好地用于装配和功能检验，如图2-139所示。

**2. 表面涂覆的工艺过程**

（1）将剥离后的原型表面用砂纸轻轻打磨，如图2-140所示；

（2）将按规定比例配备的涂覆材料（如双组分环氧树脂的质量比：100份TCC-630配20份TCC-115N硬化剂）混合均匀；

（3）因材料的黏度较低，原型上涂刷的一薄层混合后的材料会很容易浸入纸基的原型中，深度可达到1.2~1.5 mm；

（4）再次涂覆步骤（2）中配制的涂覆材料以填充表面的沟痕并等待固化，如图2-141所示；

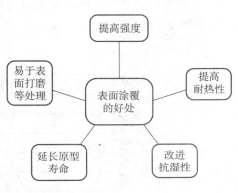

图2-139 表面涂覆的好处

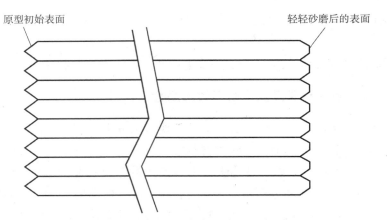

图 2 – 140　初始表面与轻轻打磨后的表面对比

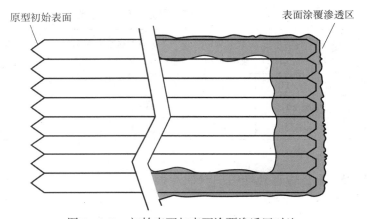

图 2 – 141　初始表面与表面涂覆渗透区对比

（5）用砂纸打磨表面已经涂覆了坚硬的环氧树脂材料的原型，打磨之前和打磨过程中应注意测量原型的尺寸，以确保原型尺寸在要求的公差范围之内；

（6）对抛光后达到无划痕表面质量的原型表面进行透明涂层的喷涂，以美化表面的外观效果，如图 2 – 142 所示。

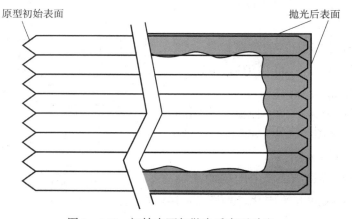

图 2 – 142　初始表面与抛光后表面对比

将通过上述表面涂覆处理的强度和耐热防湿性能得到显著提高的原型浸入水中，进行尺寸稳定性的检测，可得如图 2 - 143 所示的实验结果。

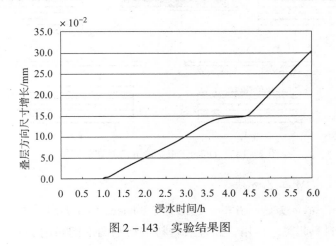

图 2 - 143 实验结果图

### 2.3.5.7 新型 LOM 工艺方法

传统的 LOM 工艺后处理时余料去除的工作量是比较繁重和费时的，尤其是对于内孔结构和内部型腔结构，其余料的去除极其困难，甚至有时难以实现。

#### 1. Offset Fabrication LOM 工艺方法

（1）原理。

Ennex 公司提出了一种上层为制作原型的叠层材料，下层是衬材的双层结构的薄层材料，如图 2 - 144 （a） 所示，在叠层之前进行轮廓切割，并将叠层材料层按照当前叠层的轮廓进行切割和黏结堆积后使衬层材料与叠层材料分离，带走当前叠层的余料的新型叠层实体快速成型工艺方法，如图 2 - 144 （b） 所示，称为 Offset Fabrication 方法。

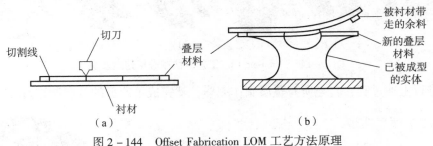

图 2 - 144 Offset Fabrication LOM 工艺方法原理

（a）切割；（b）堆积

（2）缺陷。

当前叠层的去除面积大于保留的叠层面积时，余料经常会滞留在当前叠层上。比如，如图 2 - 145 （a） 所示的灰色叠层，在进行了如图 2 - 145 （b） 所示的轮廓切割后，按照图 2 - 145 （c） 黏结在一起。当衬层材料移开时，却未能像预期的如图 2 - 145 （d） 所示的情况带走余料，而是如图 2 - 145 （e） 所示一样，所有的叠层材料全部黏结在前一叠层上了。

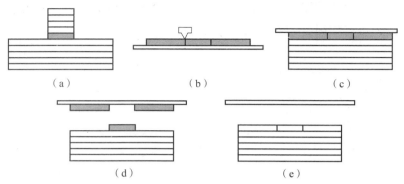

图 2 – 145　Offset Fabrication 法存在的问题

**2. Inhaeng Cho LOM 工艺方法**

针对 Offset Fabrication 方法存在的上述问题，Inhaeng Cho 提出了另外一种仍然采用双层薄材，只是衬层材料只起黏结作用，而叠层材料被切割两次的新的 LOM 工艺方法。该方法建造过程可分为如下 6 步：

（1）首次切割内孔或内腔的内轮廓，如图 2 – 146（a）所示；

（2）送进双层薄材，使衬材和叠层材料分离，内孔或内腔余料黏结在衬层上，如图 2 – 146（b）所示；

（3）升高工作台，使已经切出内孔或内腔形状的叠层材料与之前制作的叠层接触，如图 2 – 146（c）所示；

（4）送进压辊，使新的叠层与原有的叠层实现黏结，如图 2 – 146（d）所示；

（5）对当前叠层的其余轮廓进行二次切割，如图 2 – 146（e）所示；

（6）下移工作台，当前叠层制作完毕，如图 2 – 146（f）所示。

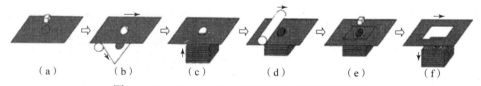

（a）　　　　（b）　　　　（c）　　　　（d）　　　　（e）　　　　（f）

图 2 – 146　Inhaeng Cho 工艺方法中叠层建造步骤

反复进行上述过程，直至所有叠层制作完毕，就完成了原型的叠层制作过程。

### 2.3.5.8　项目实现

蒸蛋机制作的具体步骤如下所述。

**1. 前处理**

利用三维造型软件 UG6.0 设计蒸蛋机，如图 2 – 147 所示。

创建该蒸蛋机底座模型，可利用"旋转"工具创建底座实体。然后利用"拉伸""布尔运算""拔模""曲面修剪"等基

图 2 – 147　蒸蛋机三维模型图

本命令做模型底座上的各特征。接着利用"抽壳"工具对模型进行处理。最后利用"倒角""布尔运算"等处理模型。

　　1）建模步骤

　　（1）新建一个 UG 零件文件，选择"文件"—"新建"—模型板块，建立一个建模文件。

　　（2）单击"插入"—"设计特征"—"回旋"按钮，打开如图 2－148 所示界面。

　　单击草图，选择 ZC－XC 平面作图，绘制如图 2－149 所示的草图平面。按"应用"按钮完成旋转 360°创建实体，如图 2－150 所示。

图 2－148　图形设置

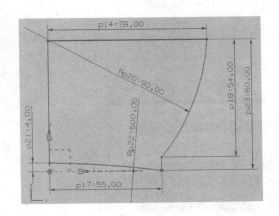

图 2－149　草图平面

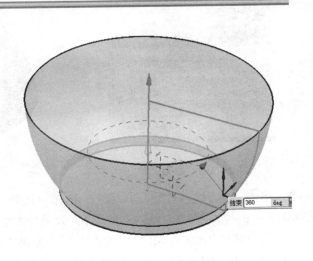

图 2－150　实体的生成

（3）绘制四个圆柱体。单击"插入"—"设计特征"—"拉伸"按钮，参数按图2－151所示设置，单击草图，选择XC－YC平面作图，绘制如图2－152所示的草图平面。按"应用"按钮完成拉伸四个圆柱体。

图2－151　圆柱设置

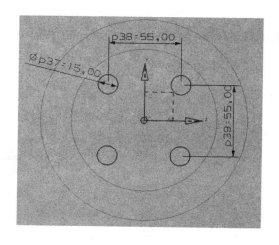

图2－152　圆柱草图

（4）单击"插入"—"关联复制"—"抽取"按钮，参数按图2－153所示设置，抽取面壳底面，如图2－154所示。

图2－153　抽壳设置

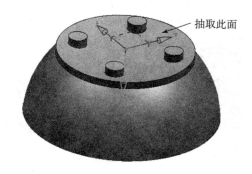

图2－154　抽壳实体

（5）单击"编辑"—"移动对象"，选择"运动"方式是"距离"，将抽取面壳底面向Z轴移动5 mm，按照图2－155所示设置，效果如图2－156所示。

（6）修剪圆柱体顶部。单击"插入"—"修剪"—"修剪体"按钮。"目标"选择实体，"刀具"选择偏移的面，注意修剪方向，如图2－157所示，对四个圆柱体顶端进行修剪，效果如图2－158所示。修剪完后把偏移面隐藏，以免影响以后作图。

图2－155　平移设置

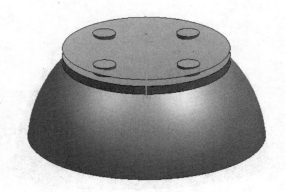

图2－156　平移后的实体

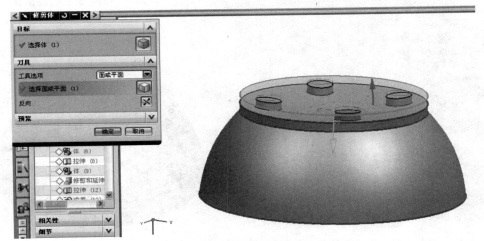

图2－157　修剪设置

（7）绘制1个圆柱孔。单击"插入"—"设计特征"—"拉伸"按钮，参数按如图2－159所示设置，单击草图，选择XC－YC平面作图，绘制如图2－160所示的草图平面。按"应用"按钮完成在实体中拉伸修剪1个圆柱孔，如图2－161所示。

（8）单击"编辑"—"移动对象"，选择"运动"方式是"距离"，再将抽取面壳底面向Z轴移动1.8 mm，按照图2－162所示进行设置。

（9）绘制台阶。单击"插入"—"设计特征"—"拉伸"按钮，选择XC－YC平面作图，绘制如图2－163所示的草图平面。参数按图2－164所示设置，按"应用"按钮完成拉伸剪切台阶。

（10）抽取台阶底面。单击"插入"—"关联复制"—"抽取"按钮，参数按图2－165所示设置，抽取台阶底面。

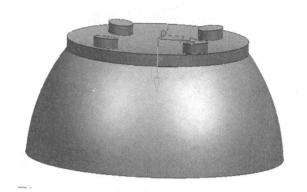

图 2 - 158　修剪后的实体

图 2 - 159　圆柱孔的设置

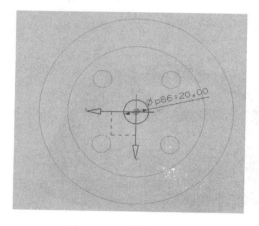

图 2 - 160　圆柱孔草图

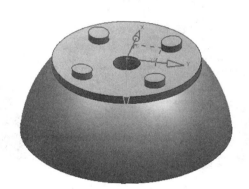

图 2 - 161　生成圆柱孔后的实物

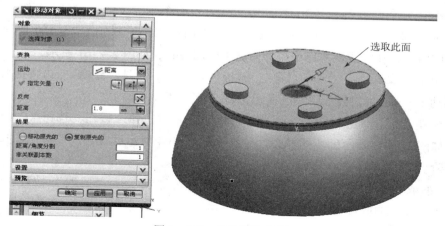

图 2 - 162　移动实物设置

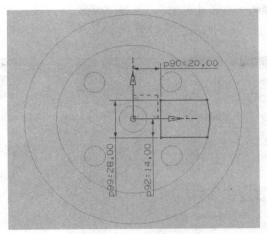

图 2 – 163　台阶草图

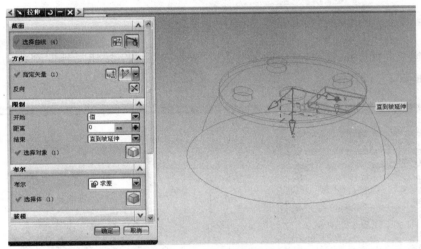

图 2 – 164　台阶生成步骤

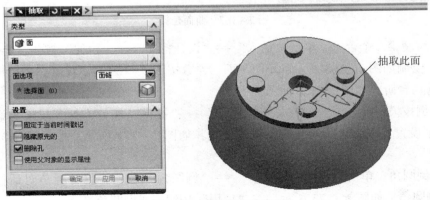

图 2 – 165　抽取台阶底面

（11）单击"编辑"—"移动对象"，选择"运动"方式为"距离"，将抽取台阶面向 $Z$ 轴移动 5 mm，按照图 2 – 166 所示进行设置。

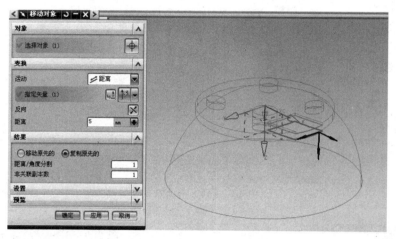

图 2 – 166　移动实物设置

（12）延长曲面 5 mm。单击"曲面"—"修剪和延伸"按钮。延伸刚移动的曲面指定边 5 mm，如图 2 – 167 所示。

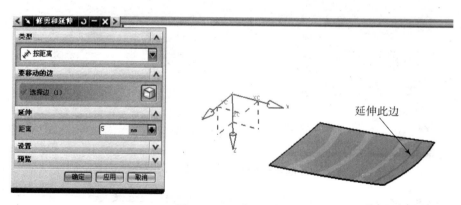

图 2 – 167　曲面延伸

（13）绘制第二个台阶。单击"插入"—"设计特征"—"拉伸"按钮，选择 XC – YC 平面作图，绘制如图 2 – 168 所示的草图平面。参数按图 2 – 169 所示设置，按"应用"按钮完成拉伸剪切台阶，如图 2 – 170 所示。

（14）倒拔模斜度。单击菜单"特征操作"—"拔模"按钮，打开拔模对话栏，按图 2 – 171 所示设置参数。选择五条边向里拔斜度，如图 2 – 172 所示。按"应用"按钮完成拔模。

（15）倒圆角。单击菜单"特征操作"—"倒圆角"按钮，打开圆角对话栏，分别选择七条边倒圆角，如图 2 – 173 所示。按"应用"按钮完成倒圆角。

（16）实体抽壳。单击菜单"特征操作"—"抽壳"按钮，打开抽壳对话栏，选择实体顶面，参数按图 2 – 174 所示设置，按"应用"按钮完成抽壳，效果如图 2 – 175 所示。

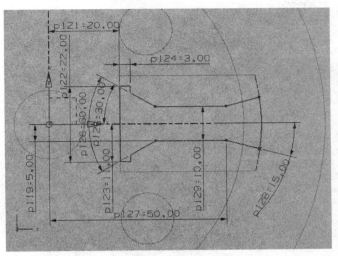

图 2－168　第二个台阶草图

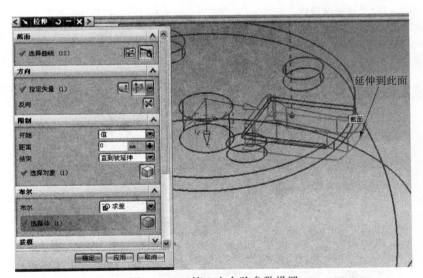

图 2－169　第二个台阶参数设置

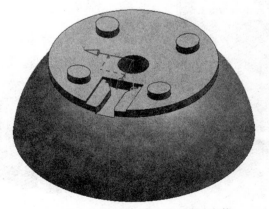

图 2－170　生成第二个台阶后的实物

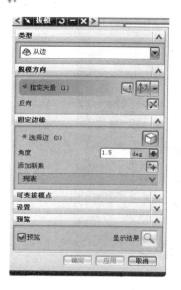

图 2 - 171　模斜度设置

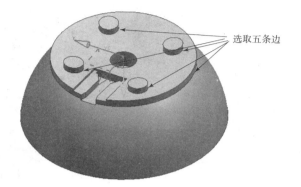

图 2 - 172　拔模边的选取

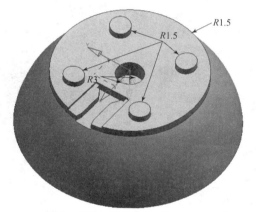

图 2 - 173　圆角的生成

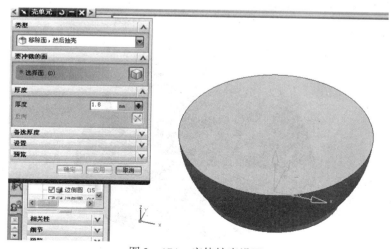

图 2 - 174　实体抽壳设置

（17）绘制散热孔。单击"插入"—"设计特征"—"拉伸"按钮，选择XC－YC平面作图，绘制如图2－176所示的草图平面。参数按图2－177所示设置，按"应用"按钮完成拉伸剪切台阶。

（18）绘制穿线孔。单击"插入"—"设计特征"—"拉伸"按钮，选择XC－YC平面作图，绘制如图2－178所示的草图平面。参数按图2－179所示设置，按"应用"按钮完成拉伸剪切穿线孔，效果如图2－180所示。

（19）绘制面盖孔。单击"插入"—"设计特征"—"拉伸"按钮，选择ZC－YC平面作图，绘制如图2－181所示的草图平面。参数按图2－182所示设置，按"应用"按钮完成拉伸剪切面盖孔，效果如图2－183所示。

图2－175　抽壳后的实体

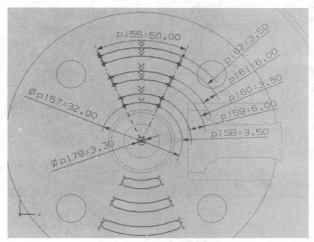

图2－176　散热孔草图

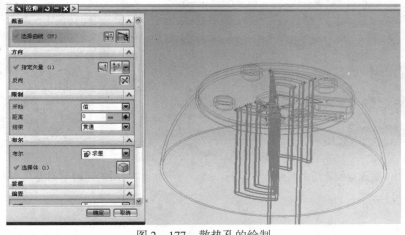

图2－177　散热孔的绘制

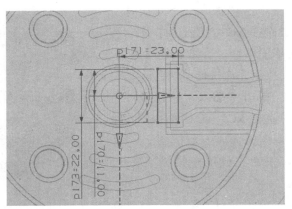

图 2 - 178　穿线孔草图

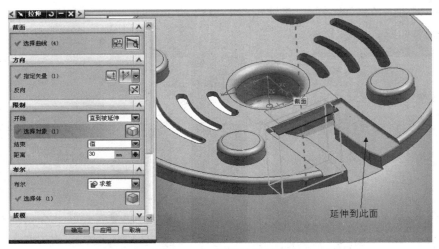

图 2 - 179　穿线孔的设置

图 2 - 180　生成穿线孔后的实物

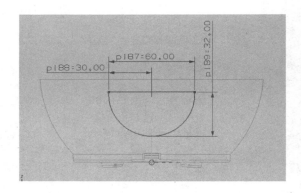

图 2 - 181　面盖孔草图

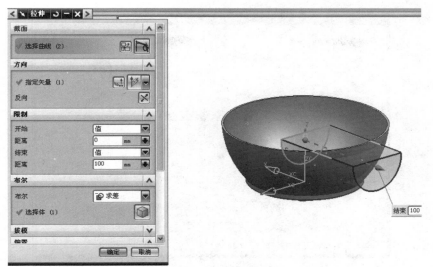

图 2-182 面盖孔设置

（20）设计完成，导出 STL 格式文件。

2）三维模型的切片处理

将碗的 STL 文件导入切层软件中进行切层处理。

（1）根据零件创建新的机器平台，如图 2-184 所示。

（2）平台创建完成，导入从 UG 里导出的 STL 文件，如图 2-185 所示。

图 2-183 生成面盖孔后的实物

（3）导入零件初始坐标是在原点，如图 2-186 所示，选择自动摆放零件来调整零件的相对位置，如图 2-187 所示。图 2-188 为摆放完成的零件。

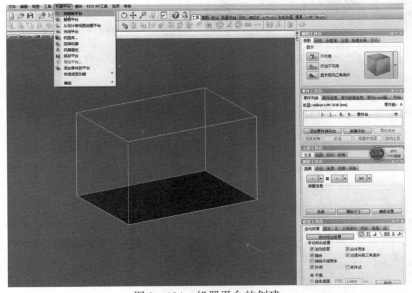

图 2-184 机器平台的创建

图 2 - 185　导入 STL 文件

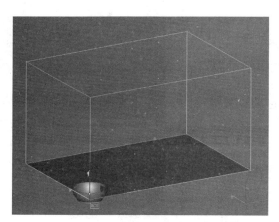

图 2 - 186　零件初始位置

图 2 - 187　零件摆放设置

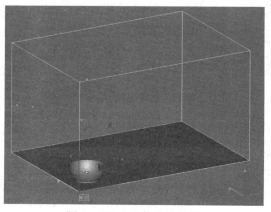

图 2 - 188　零件最终位置

（4）调整好零件位置，单击自动修复零件选项，如图2-189所示。

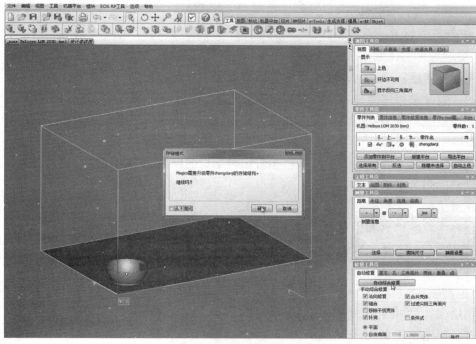

图2-189 零件修复设置

（5）最后对零件进行切片处理，如图2-190所示。

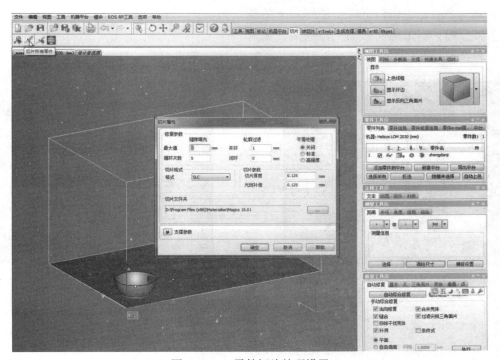

图2-190 零件切片处理设置

（6）切片完成，得到对应的切片数据文件，如图2－191所示。

2．分层叠加过程

1）确定叠层实体制造工艺参数

图2－191　零件数据文件

激光切割速度：激光切割速度影响着原型表面的质量和原型制作时间，通常是根据激光器的型号规格进行选定。

加热辊温度与压力：加热辊温度和压力的设置应根据原型层面尺寸大小、纸张厚度及环境温度来确定。

激光能量：激光能量的大小直接影响着切割纸材的厚度和切割速度，通常激光切割速度与激光能量之间为抛物线关系。

切碎网格尺寸：切碎网格尺寸的大小直接影响着余料去除的难易和原型表面质量，可以合理地变化网格尺寸，以达到提高效率的目的。

2）原型制作

将切层保存的SLT文件传输到打印机里，开始打印，如图2－192所示。

激光会切割出废料小方格，如图2－193所示。

切割完一层，工作台下降，使刚切下的新层与料带分离，料带向前移动一段距离，滚筒滚压涂有热熔胶的纸张，继续激光打印，如图2－194所示。

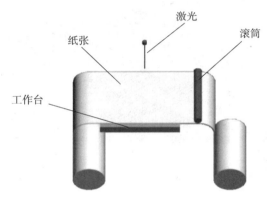

图2－192　原型制作原理图

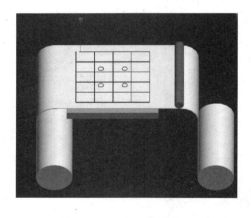

图2－193　激光切割废料

图2－194　激光打印过程

3．模型后处理

打印结束得到叠层块，如图2－195所示。

去除余料得到三维制件，如图2－196所示。

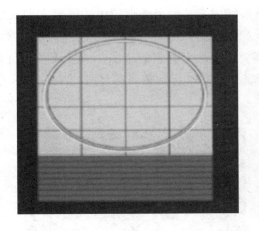

图 2 - 195　叠层块

图 2 - 196　三维制件

最后根据需求对模型进行打磨、抛光，完成碗的制作。

## 2.4　3D 打印材料

材料是 3D 打印技术发展的重要物质基础，材料的丰富和发展程度是 3D 打印技术是否能够普及使用或者获得更大发展的关键。从反面来看，材料瓶颈已成为制约 3D 打印技术发展的首要问题。打印材料的使用，受限于打印技术原理和产品应用场合等因素。3D 打印所使用的原材料都是为 3D 打印设备和工艺专门研发的，这些材料与普通材料略有区别，3D 打印中使用的材料形态多为粉末状、丝状、片层状和液体状等。

目前，3D 打印材料主要包括工程塑料、光敏树脂、橡胶类材料、金属材料和陶瓷材料等，除此之外，彩色石膏材料、人造骨粉、细胞生物原料以及砂糖等食品材料也在 3D 打印领域得到了应用。据报告，现有的 3D 打印材料已经超过了 200 多种，但相对于现实中多种多样的产品和纷繁复杂的材料，200 多种也还是非常有限的，工业级的 3D 打印材料更是稀少。

### 1. 工程塑料

当前应用最广泛的一类 3D 打印材料是工程塑料。工程塑料是指被用作工业零件或外壳材料的工业用塑料，是强度、耐冲击性、耐热性、硬度及抗老化性均优的塑料。常见的有 ABS 类材料、PC 类材料、PLA 类材料、亚克力类材料和尼龙类材料等。

ABS（丙烯腈 - 丁二烯 - 苯乙烯共聚物）材料无毒、无味，呈象牙色（图 2 - 197），具有优良的综合性能，有极好的耐冲击性，尺寸稳定性好，电性能、耐磨性、抗化学药品性、染色性、成型加工性和机械加工性较好。它的正常形变温度超过 90 ℃，可进行机械加工（如钻孔和攻螺纹）、喷漆和电镀等，是常用的工程塑料之一。缺点是热变形温度较低，可燃，耐候性较差。

ABS 材料是 FDM 成型工艺中最常使用的打印材料，由于良好的染色性，目前有多种颜色可以选择（图 2 - 198），这使得"打印"出的实物省去了上色步骤。3D 打印使用的 ABS

材料通常做成细丝盘状，通过 3D 打印喷嘴加热溶解成型。由于喷嘴喷出后需要立即凝固，喷嘴加热的温度控制在高出 ABS 材料热熔点 1~2 ℃的温度，不同的 ABS 熔点也不同，对于不能调节温度的喷嘴，是不能够通配的，因此需要格外注意材料的来源，最好从原厂购买。ABS 材料是消费级 3D 打印用户最喜爱的打印材料，如打印玩具和创意家居饰品等（图 2 – 199）。

图 2 – 197　ABS 材料

图 2 – 198　彩色 ABS 材料

　　PC 材料中文名称为聚碳酸酯材料，是一种无色透明的无定形热塑性材料（图 2 – 200）。聚碳酸酯无色透明、耐热、抗冲击、阻燃，在普通使用温度下具有良好的力学性能。但耐磨性较差，一些用于易磨损用途的聚碳酸酯器件需要对表面进行特殊处理。

图 2 – 199　ABS 材料 3D 打印制品

图 2 – 200　PC 材料

　　PC 材料是真正的热塑性材料，具备高强度、耐高温、抗冲击、抗弯曲等工程塑料的所有特性，可作为最终零部件材料使用。使用 PC 材料制作的样件，可以直接装配使用。PC 材料的颜色较为单一，只有白色，但其强度比 ABS 材料高出 60% 左右，具备超强的工程材料属性，广泛应用于电子消费品、家电、汽车制造、航空航天和医疗器械等领域。PC 材料 3D 打印制品如图 2 – 201 所示。

　　此外，还有 PC – ABS 复合材料（图 2 – 202），它也是一种应用广泛的热塑性工程塑料。PC – ABS 复合材料兼具了 ABS 材料的韧性和 PC 材料的高强度及耐热性，大多应用于汽车、家电及通信行业。使用该材料制作的样件强度较高，可以实现真正热塑性部件的生产，可用于手机外壳、计算机和商业机器壳体、电气设备、草坪园艺机器、汽车零件仪表板、内部装修以及车轮盖等，包括概念模型、功能原型、制造工具及最终零部件等。PC-ABS黑色材料3D打印半成品如图2-203所示。

图2-201　PC材料3D打印制品

图2-202　PC-ABS黑色材料

图2-203　PC-ABS黑色材料3D打印半成品

　　PLA（聚乳酸纤维）材料是一种可生物降解的材料，它的力学性能及物理性能良好，适用于吹塑、热塑等各种加工方法，加工方便、用途广泛。此外，它还具有较好的相容性、光泽性、透明度、抗拉强度及延展度等，制成的薄膜具有良好的透气性，因此PLA材料可以根据不同业界的需求，制成各式各样的应用产品。

　　PLA塑料熔丝是另一种常用的3D打印材料。相比ABS材料，PLA材料一般情况下不需要加热床，更易使用且更加适合低端的3D打印设备。其可降解的特性使得它在消费级3D打印设备生产中成为较受欢迎的一种环保材料。PLA材料有多种颜色可供选择，而且还有半透明的红色、蓝色、绿色以及全透明的材料，但通用性不高。

　　人们常说的亚克力材料就是聚甲基丙烯酸甲酯（PMMA）材料，它是由甲基丙烯酸甲酯单体聚合而成的材料。它具有水晶般的透明度，用染料着色又有很好的展色效果。亚克力材料有良好的加工性能，既可以采用热成型，也可以用机械加工的方式。它的耐磨性接近于铝材，稳定性好，能耐多种化学品腐蚀。亚克力材料具有良好的适印性和喷涂性，采用适当的印刷和喷涂工艺，可赋予亚克力制品理想的表面装饰效果。亚力克材料表面光洁度好，可以

"打印"出透明和半透明的产品。目前利用亚力克材料，可以打出牙齿模型用于牙齿矫正的治疗。

尼龙是一种强大而灵活的工程塑料，在化学上属于聚酰胺类物质，耐冲击性强，耐磨耗性好，耐热性佳，高温下使用不易热劣化。尼龙自然色彩为白色，但很容易上色。尼龙材料在加热后，黏度下降比较快，因此从3D打印喷嘴喷出时，比较容易流动。尼龙材料系列很多，其中又以尼龙6最常使用，因其具有高熔点、耐热性佳、不易加热溶解等特性，制作出来的成品在高温下材质也不易产生变化。

此外，尼龙铝粉是SLS成型技术的常用材料。尼龙铝粉顾名思义就是在尼龙粉末中掺杂一部分铝粉，使打印出的成品赋有金属光泽。当铝粉含量从0增大到50%时，所制成品的热变形温度、拉伸强度、弯曲强度、弯曲模量和硬度比单纯尼龙烧结件分别提高了87 ℃、10.4%、62.1%、122.3%和70.4%。此外，烧结件的拉伸强度、断裂伸长率、冲击强度，也随着铝粉平均粒径的减小而增大。尼龙材料制品多用于汽车、家电和电子消费品领域。

### 2. 光敏树脂

光敏树脂即UV树脂，由聚合物单体与预聚体组成，其中加有光（紫外光）引发剂（或称为光敏剂）。在一定波长的紫外光（2 500~300 nm）照射下能立刻引起聚合反应完成固化。光敏树脂一般为液态，可用于制作高强度、耐高温、防水材料。目前，研究光敏材料3D打印技术的主要有美国3D System公司和以色列Objet公司。常见的光敏树脂有somos NEXT材料、树脂somos11122材料、somos19120材料和环氧树脂。

somos11122材料看上去更像是透明的塑料，具有优秀的防水性，尺寸稳定性强，能提供包括ABS材料和PBT材料在内的多种类似工程塑料的特性，这些特性使它很适合用于汽车、医疗以及电子类产品领域。

somos19120材料为粉红色，是一种铸造专用材料。成型后可直接代替精密铸造的蜡膜原型，避免开发模具的风险，大大缩短周期，拥有低留灰量和高精度等特点。

环氧树脂是一种便于铸造的激光快速成型树脂，它含灰量极低（800 ℃时的残留含灰量<0.01%），可用于熔融石英和氧化铝高温型壳体系，而且不含重金属锑，可用于制造极其精密的快速铸造型模。

### 3. 橡胶类材料

橡胶类材料具备多种级别弹性材料的特征，这些材料所具备的硬度、断裂伸长率、抗撕裂强度和拉伸强度，使其非常适合于要求防滑或柔软表面的应用领域。3D打印的橡胶类产品主要有消费类电子产品、医疗设备以及汽车内饰、轮胎、垫片等。

### 4. 金属材料

近年来，3D打印技术逐渐应用于实际产品的制造，其中，金属材料的3D打印技术发展尤其迅速。在国防领域，欧美发达国家非常重视3D打印技术的发展，不惜投入巨资加以研究，而3D打印金属零部件一直是研究和应用的重点。3D打印所使用的金属粉末一般要求纯净度高、球形度好、粒径分布窄、氧含量低。目前，应用于3D打印的金属粉末材料主要有钛合金、钴铬合金、不锈钢和铝合金材料等，此外还有用于打印首饰用的金、银等贵金属粉末材料。

钛是一种重要的结构金属，钛合金因具有强度高、耐蚀性好、耐热性高等特点而被广泛用于制作飞机发动机压气机部件，以及火箭、导弹和飞机的各种结构件。钴铬合金是一种以钴和铬为主要成分的高温合金，它的抗腐蚀性能和力学性能都非常优异，用其制作的零部件强度高、耐高温。采用3D打印技术制造的钛合金和钴铬合金零部件，强度高、尺寸精确，能制作的最小尺寸可达1 mm，而且其零部件力学性能优于锻造工艺。

　　不锈钢以其耐空气、蒸汽、水等弱腐蚀介质和酸、碱、盐等化学浸蚀性介质腐蚀而得到广泛应用。不锈钢粉末是金属3D打印经常使用的一类性价比较高的金属粉末材料。3D打印的不锈钢模型具有较高的强度，而且适合打印尺寸较大的物品，如图2-204所示。

图2-204　不锈钢

### 5. 陶瓷材料

　　陶瓷材料具有高强度、高硬度、耐高温、低密度、化学稳定性好、耐腐蚀等优异特性，如图2-205所示，在航空航天、汽车、生物等行业有着广泛的应用。但由于陶瓷材料硬而脆的特点，其加工成型尤其困难，特别是复杂陶瓷件需通过模具来成型。模具加工成本高、开发周期长，难以满足产品不断更新的需求。

图2-205　陶瓷材料

　　3D打印用的陶瓷粉末是陶瓷粉末和某一种黏结剂粉末所组成的混合物。由于黏结剂粉末的熔点较低，激光烧结时只是将黏结剂粉末熔化而使陶瓷粉末黏结在一起。在激光烧结之后，需要将陶瓷制品放入温控炉中，在较高的温度下进行后处理。陶瓷粉末和黏结剂粉末的配比会影响到陶瓷零部件的性能。黏结剂分量多，烧结比较容易，但在后置处理过程中零件收缩比较大，会影响零件的尺寸精度；黏结剂分量少，则不易烧结成形。颗粒的表面形貌及原始尺寸对陶瓷材料的烧结性能非常重要，陶瓷颗粒越小，表面越接近球形，陶瓷层的烧结质量越好。

陶瓷粉末在激光直接快速烧结时液相表面张力大，在快速凝固过程中会产生较大的热应力，从而形成较多微裂纹。目前，陶瓷直接快速成型工艺尚未成熟，国内外正处于研究阶段，还没有实现商品化。

6. 其他3D打印材料

除了上面介绍的3D打印材料外，目前用到的还有彩色石膏材料、人造骨粉、细胞生物原料以及砂糖等材料。

彩色石膏材料是一种全彩色的3D打印材料，是基于石膏的、易碎、坚固且色彩清晰的材料。基于在粉末介质上逐层打印的成型原理，3D打印成品在处理完毕后，表面可能出现细微的颗粒效果，外观很像岩石，在曲面表面可能出现细微的年轮状纹理，因此，多应用于动漫、玩偶等领域。

# 第 3 章

## SLA 实例：瓷鸣·手机共鸣音箱

### 3.1　案例描述

瓷鸣·手机共鸣音箱（以下简称音箱，如图 3 - 1 所示）由「器道」品牌创始人李锋设计，2013 年获德国红点设计概念奖，2015 年获中国工业设计界最高奖——红星奖。用户在使用共鸣音箱时，只要打开手机的音乐播放器，将手机放入音箱，手机播放的音乐，通过声音入口进入共鸣腔，在此形成共鸣，从而增大了音量、加重了低音，并从左右两个出声口传出，进而使单孔出声的手机形成了立体声效果（图 3 - 2）。

从自然扩音效果和低碳环保的角度来考虑，音箱选择陶瓷材料制成。陶瓷质地坚实细密、表面光滑，敲击声清脆悦耳，具有独特的

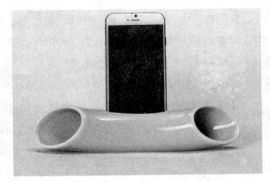

图 3 - 1　瓷鸣·手机共鸣音箱

音质和音色，自古就是制作乐器的良好材料。但音箱从设计到生产，需要经过对形态、尺度、重心、出音孔朝向、手机的放置位置和角度进行反复的计算和测试，而陶瓷器具制作工艺复杂、价格较高、制作时间较长，用作测试产品略显费时费力。

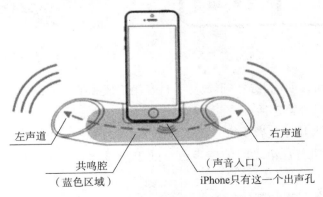

左声道　　　　　　　　　　　　右声道

共鸣腔
（蓝色区域）

（声音入口）
iPhone只有这一个出声孔

图 3 - 2　共鸣音箱原理示意图

3D打印模型用于测试，可以很好地解决这个问题。3D打印模型可以较为精准地还原设计细节，通过反复测试，可以帮助优化产品设计。同时在节约制作和时间成本上也有很大的优势，可以有效地提高设计效率，加快产品的实用化和商业化进程。利用3D打印技术，可在产品开发过程中快速得到产品的样机，以提供设计验证与功能验证，检验产品可制造性和可装配性等。本例是一个共鸣音箱，结构相对简单，但需要较为光滑的表面，因此选择激光立体光固化快速成型方法来进行模型制造。

如何用3D打印技术制作测试模型呢？首先要从模型的三维设计开始。

# 3.2 设计思路

### 3.2.1 人机位置关系

本例作为手机共鸣音箱，在设计之初，首要考虑的就是音箱和使用者之间的位置关系。根据现实的使用情景分析，手机在使用音箱播放音乐时，一般放置在桌面上，所以在设计音箱时要特别考虑人耳与声源的位置关系（图3-3）。

从图3-3可以看出：

（1）声音的传播相对于人耳来说是倾斜向上的；

（2）手机屏幕相对于人眼来说也是倾斜向上的。

根据以上分析的使用环境、条件以及使用体验，绘制出已形成的概念图（图3-4）。

图3-3 人耳与声源的位置关系

图3-4 手机音箱的概念图

剖析概念图，可以明确并最终形成对手机音箱组成和结构的设计（图3-5）。

本次设计的手机音箱包括：

（1）手机座槽（用于放置手机）；

（2）声孔（手机与音箱之间的传声道，处于隐藏部位，概念图上就没有单独给予介绍）；

（3）声道（音箱发声的部位）；

（4）底垫（让音箱"站稳"的部分）。

### 3.2.2　设计关键

**1. 外形设计关键**

考虑到前述的设计构想和主题，本例中的手机音箱的外形采用弧形外观。弧形由环形切割而来（图3-6）。切割的形状已经决定了声道的位置，若要满足声道传声倾斜向上的条件，就要用底垫来辅助，所以底垫的位置是比较关键的地方。手机座槽的位置也因此需要处于与底垫对应的地方。

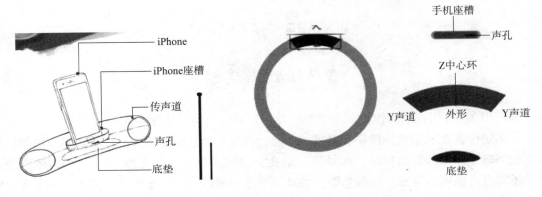

图3-5　手机音箱组成和结构　　　　　图3-6　弧形外形

**2. 底垫和手机座槽设计关键**

用Z中心环来解析底垫和手机座槽所处的位置以及底垫的关键（图3-7）。

图3-7　手机座槽位置和底垫的关键

**3. 声道设计关键**

底垫的位置巧妙地让瓷鸣站立起来，使传声道可以倾斜向上（图3-8）。

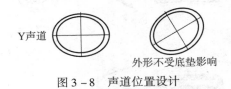

图3-8　声道位置设计

### 3.2.3　三视图

根据上面一系列的细节分析绘制手机音箱的三视图（图3-9）。

至此，设计完毕。

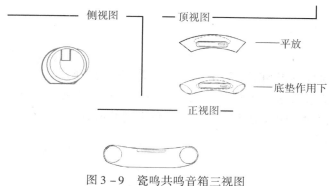

图3-9 瓷鸣共鸣音箱三视图

## 3.3 数据建模

如何用3D打印技术制作测试模型呢？首先要从模型的三维设计开始。

实体建模就是利用实体模块所提供的功能，将二维轮廓图延伸成为三维的实体模型，然后在此基础上添加所需的特征，如抽壳、钻孔、倒圆角等。除此之外，UG NX 实体模块还提供了将自由曲面转换成实体的功能，如将一个曲面增厚成为一个实体，将若干个围成封闭空间的曲面缝合为一个实体等。

### 3.3.1 任务目标

应用实体建模和草图等命令，完成如图3-10所示零件"瓷鸣"的实体造型设计。

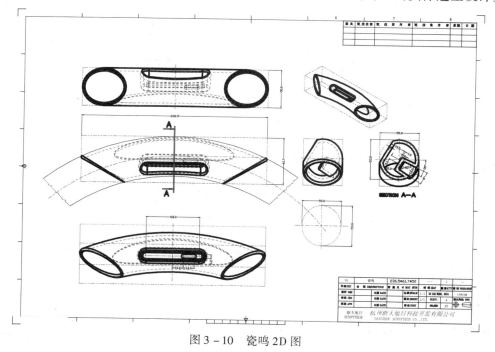

图3-10 瓷鸣2D图

### 3.3.2  设计分析

UG 的特征建模实际上是一个仿真零件加工的过程，如图 3－11 所示，图中表达了零件加工与特征建模的一一对应关系。

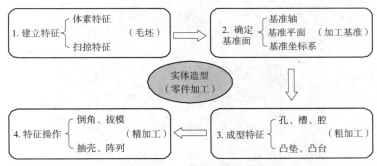

图 3－11  建模一般流程

本例是一个艺术造型的手机共鸣音箱。它的外形结构简洁，主要由音箱主体及中间手机座槽组成，整体是一个空心的壳体，属于特殊类型的实体造型。

对于手机音箱的设计，除了要用到实体建模操作命令外，还要运用草图、曲线造型命令才能完成。此外，在细节设计中，会遇到一些特殊的操作技巧，如基准平面创建、倒圆角、抽壳等方法。

依据产品 2D 图，可将手机音箱拆分，如图 3－12 所示，由图可知其三维模型设计可按以下步骤进行：

（1）创建手机音箱主体，其形状是一段弧形圆环。

（2）创建手机座槽及音箱放置平面。

（3）细节设计，主要包括抽壳、音响孔及圆角设计。

创建完成后的手机音箱 3D 模型如图 3－13 所示。

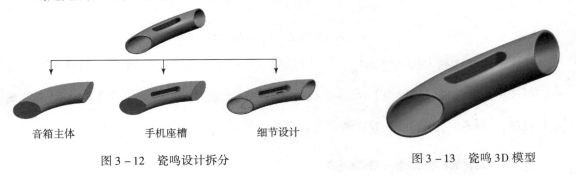

音箱主体　　　　　手机座槽　　　　　细节设计

图 3－12  瓷鸣设计拆分　　　　　　　　　　　图 3－13  瓷鸣 3D 模型

### 3.3.3  设计步骤

1. 创建音箱主体

1）绘制扫掠轨迹曲线草图

使用【草图】命令，进入 XC－YC 平面，用【圆】命令画出直径 490 的圆形。单击

【完成草图】按钮，如图3-14所示完成扫掠轨迹曲线草图。

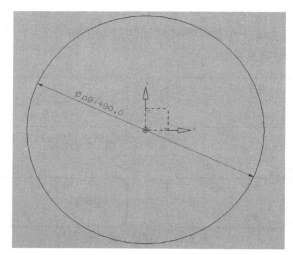

图3-14　扫掠轨迹曲线

2）创建截面轮廓椭圆

首先，调整【WCS方向】坐标系，将ZC轴沿着YC轴旋转-90°，如图3-15所示。

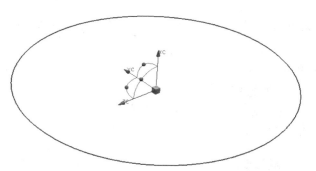

图3-15　WCS动态坐标调整

然后，选择【插入】—【曲线】—【椭圆】命令，进入XC-YC平面，用【椭圆】命令，在选择条中选择【象限点】，设置椭圆的长半轴为25，短半轴为26.5，单击【确定】按钮，如图3-16所示，完成截面轮廓椭圆的创建。

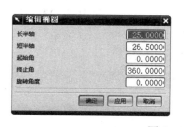
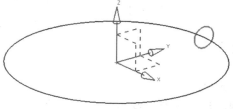

图3-16　创建椭圆曲线

3）扫掠拉伸主体

选择【插入】—【曲面】—【扫掠】命令，在截面对话框中选择椭圆，在引导线对话框中选择草图中创建的直径490的圆，单击【确定】按钮，如图3-17所示，完成椭圆环的扫掠。

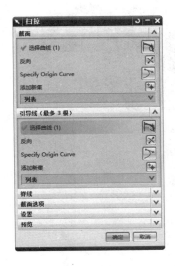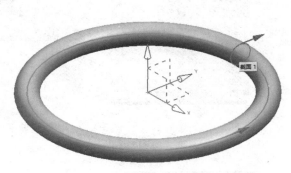

图3-17 创建椭圆环

4）修剪椭圆环

首先，创建修剪曲线草图，如图3-18所示。

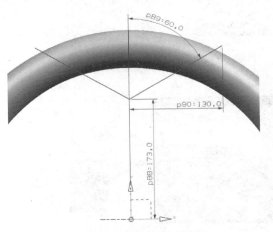

图3-18 绘制两条直线

然后，选择刚刚创建的草图曲线进行拉伸，如图3-19所示，完成修剪平面的创建。

最后，单击【修剪体】命令，如图3-20所示，完成对椭圆环的修剪，得到音箱的主体结构。

2. 创建手机座槽及底垫

1）创建 WCS 坐标系，选择椭圆中心点

调整坐标系角度，选择 YZ 平面旋转点，输入角度30°，如图3-21所示，完成手机座

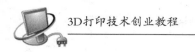

槽坐标系的创建。

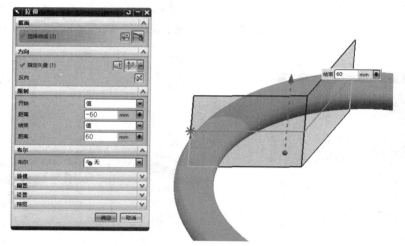

图 3 - 19　创建修剪平面

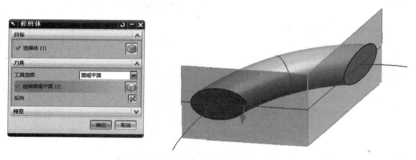

图 3 - 20　修剪椭圆环

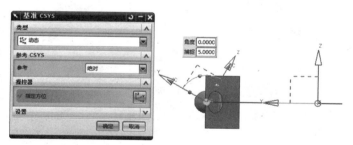

图 3 - 21　创建 WCS 坐标系

2）绘制手机座槽及声孔曲线草图

选择 XC - YC 平面进入草图界面，完成如图 3 - 22 所示草图创建。

3）创建手机座槽

选择【拉伸】命令，如图 3 - 23 所示，单击【确定】按钮完成手机座槽的创建。

4）创建音箱底垫

利用【修剪体】命令对主体进行裁剪，如图 3 - 24 所示，完成底垫的创建。

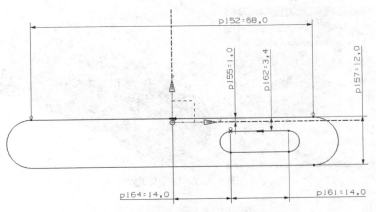

图 3 – 22　手机座槽及声孔曲线

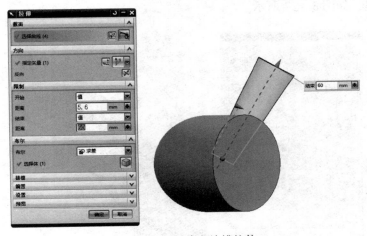

图 3 – 23　创建安放槽柱体

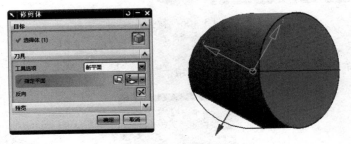

图 3 – 24　修剪椭圆环

### 3. 细节设计

#### 1）抽壳处理

利用【抽壳】命令，如图 3 – 25 所示，选择椭圆环的两个侧面，输入厚度为 4 mm，单击【确定】按钮，完成壳体创建。

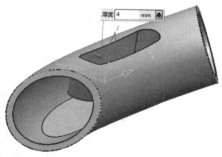

图 3 - 25　抽壳处理

2）创建声孔

选择【拉伸】命令，如图 3 - 26 所示，依次选择拉伸截面及方向，单击【确定】按钮，完成声孔的创建，如图 3 - 27 所示。

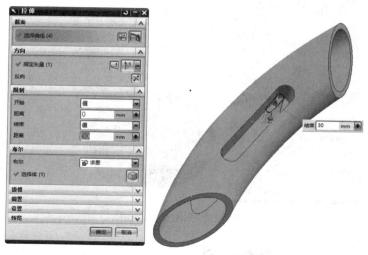

图 3 - 26　拉伸声孔

3）圆角处理

如图 3 - 28 所示，对瓷鸣外观进行倒圆角。

图 3 - 27　声孔的效果

图 3 - 28　对整体进行倒圆角

4）手机音箱整体造型

最终的瓷鸣整体造型如图3-29所示。

图3-29 瓷鸣的整体造型

## 3.4 数据处理

设计完成，首先要将三维数模设计文件转化输出成快速成型设备能够运行的数据文件。数模分层处理软件可以看作数模和快速制造之间的桥梁，拥有检查、修复、优化和分层处理数据等功能。数据处理技术对数模进行分层处理，并将其处理成层片文件格式后送入3D打印设备，3D打印设备接收数据处理后的层片文件即可开始进行快速成型制造。

本例中使用的数据处理软件是比利时 Materialise 公司推出的 Magics（图3-30）专业 STL 文件处理软件。通过软件将数模文件从模态结构转换成数字结构，接下来的操纵都是在数字结构下进行的，而数据处理的方法及精度也直接影响成型件的质量。

图3-30 Materialise 公司产品介绍

1. 导入文件

在 Magics 中导入设计数模（图3-31），导入方式很简单。

2. 检查修复

将音箱的数模放置在虚拟的加工平台上，打开修复向导，对零件的数模进行诊断和修复。三维数模从模态到数字的转化，会不可避免地产生一些错误，常见的错误有法向错误、间隙错误、特征丢失错误等。Magics 的修复向导功能强大，可以轻松修复翻转三角形、坏边、洞等各种缺陷，软件自动进行分析和修复，使之成为完好的 STL 文件（图3-32）。

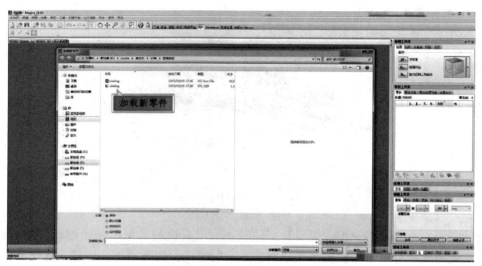

图3-31　导入三维数据模型

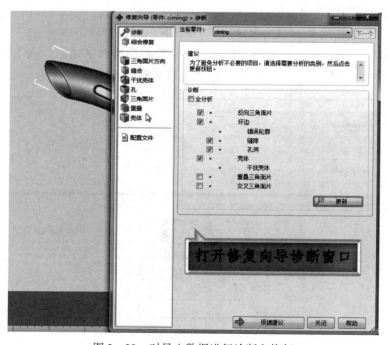

图3-32　对导入数据进行诊断和修复

## 3. 零件摆放

确定好数据模型无误后，就要调整零件在加工平台上的摆放位置和角度。对于光固化快速成型技术来讲，零件在加工平台上如何摆放，对加工时间、加工效率和加工质量都会有影响。很多数据处理软件提供自动摆放零件的功能，依据零件的几何形状，自动对零件进行嵌套排放，针对多个零件同时加工的情况，可使加工平台上摆放的零件最多，加工时间最少，且保证加工时零件之间不会相互干涉。当然这一点是针对多个零部件同时制造的情况，用以提高生产效率，对于本例来讲，作为单独制造的零件，音箱模型放置在加工平台中央即可（图 3 - 33），至于具体摆放角度和方向会根据零件结构及支撑结构来确定。

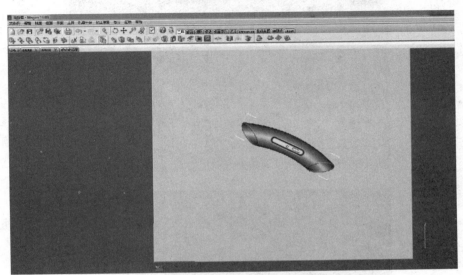

图 3 - 33 音箱模型在加工平台上的初步摆放

### 4. 生成支撑

在快速成型制造中，大多数零件都需要用到支撑。支撑的作用不仅仅是支撑零件提供附加稳定性，也是为了防止零件变形。零件变形可能是由热应力、过热或者添加材料时刮板的横向扰动引起的，通过支撑结构，以最少的接触点完成热量传递，可以获得表面质量较好的零件，也方便零件的后处理。Magics 有自动生成支撑的功能模块，可以自动、简单、快捷地生成支撑结构，支撑的适用性和可靠性对于零件的最终表面质量至关重要。

本例在生成支撑前，需要设置零件的加工方向，加工方向决定着支撑的生成，而支撑会给表面质量带来影响，这一点在立体光固化中尤为明显。首先设置的是零件的加工底面（图 3 - 34）。

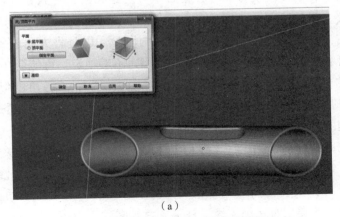

（a）

图 3 - 34 音箱模型在加工平台上的放置方向

（a）水平方向

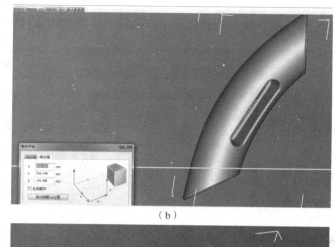

（b）

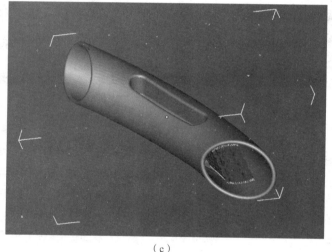

（c）

图 3 - 34　音箱模型在加工平台上的放置方向（续）

（b）竖直方向；（c）倾斜方向

　　三种放置方向中，以音箱较为平滑的底面作为设置底面水平放置（图 3 - 35），支撑水平架构在音箱底部，但是底部的支撑结构较薄且竖直放置，在制件取出和后处理时较难进行，不易移除，在去除支撑的过程中有破坏零件的风险。以竖直方向放置（图 3 - 36），产生的支撑最少，有利于节省支撑材料，但是支撑相对不够稳定，可能会在加工过程中出现变形，也不是合适的选择。综合以上两种方向的优点，选择一定角度倾斜放置音箱模型（图 3 - 37），增加底部支撑的厚度和宽度，提高支撑的稳定性。并且通过创建带角度的支撑，可降低后处理的复杂性。重新选好底面后自动生成支撑结构。

　　支撑创建完成后进行预览，观察支撑是否合理，如不合理要删除相关支撑，重新调整零件的摆放及角度，然后再次生成支撑预览，直至满意。Magics 还有支撑修改、增加、删除、查看等功能（图 3 - 38），使用者可以根据实际需求和经验对自动生成的支撑进行修改、删除等操作。支撑结构的类型有块类支撑、柱类支撑等多种，为用户提供更多的选择，依照实际需求和加工条件选择合适的支撑结构。支撑结构确认好后，要进行保存和输出工作。

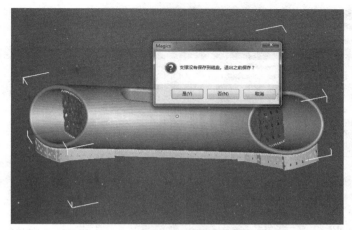

图 3 – 35　水平方向放置的音箱模型的支撑结构

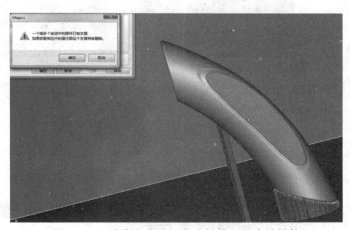

图 3 – 36　垂直方向放置的音箱模型的支撑结构

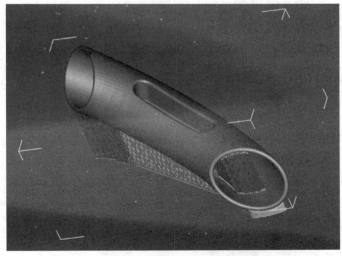

图 3 – 37　倾斜方向放置的音箱模型的支撑结构

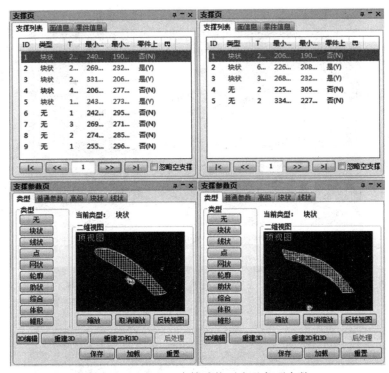

图 3 – 38　Magics 支撑功能列表及各项参数

### 5. 切片处理

完成所有支撑编辑工作后，即可开始对模型进行切片处理并保存文件发送到快速成型设备上进行加工了。切片处理是数据处理的重要步骤，是将 3D 模型转化为 3D 打印设备本身可执行的代码（如 G 代码、M 代码等）的过程。打开切片对话框（图 3 – 39），设置相关参数。修复参数采用默认值即可，不用改动。设置切片参数，其中切片厚度即激光成型每扫描一层固化的厚度，对话框中两处切片厚度的数据要保持一致。设置完毕后，可以预览整个加工过程，确认无误后选择合适的保存位置保存生成的 ＊. cli 及 ＊_s. cli两个文件，并将切片生成的文件按机器型号复制至相应的文件夹，至此整个数据处理过程就完成了。

图 3 – 39　Magics 切片功能对话框及相关参数

## 3.5 快速成型

得到切片数据后，即可转入快速成型设备开始加工了。将切片数据导入 SLA 快速成型设备。可先在设备上模拟整个零件制作过程，再次检查是否有不当之处以便及时修改，还可以看到系统预估的制作加工时间，方便安排生产（图 3 - 40）。

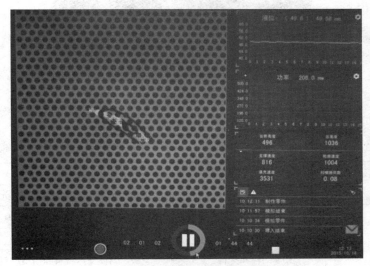

图 3 - 40　SLA 快速成型设备操作系统界面

整个 SLA 快速成型过程，几乎不需要人工操作，单击"开始"即开始加工，设备系统界面实时反映总加工高度、当前加工高度、支撑速度、填充速度、轮廓速度及扫描线间距等参数，方便操作人员实时监控加工过程。另有形象化的加工进程演示界面，直观展示当前加工状态，以便及时发现有无加工失误之处，如有可以及时暂停。在加工平台上，可以清晰地看到激光的扫描路线（图 3 - 41）。光敏树脂经激光照射固化，层层叠加成型，最终制成产品（图 3 - 42）。

图 3 - 41　音箱 SLA 快速成型加工平台现场　　　　图 3 - 42　SLA 快速成型制成的音箱产品

整个快速制造过程大约持续 4 h，大大节省了制造时间。快速成型的最后一步就是将此时得到的产品沥干附着在表面的多余材料（图 3 - 43），转至后处理平台，等待进行去除支

撑、清洗、二次光固化和打磨等后处理工序。

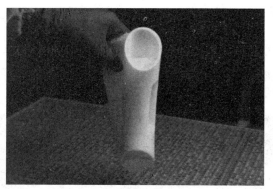

图 3 – 43　沥干附着在成型产品上的多余树脂

SLA 快速成型设备参数如表 3 – 1 所示。

表 3 – 1　瓷鸣·手机共鸣音箱 SLA 快速成型设备参数

| 案例名称 | 瓷鸣·手机共鸣音箱 | | |
|---|---|---|---|
| 成型方式 | SLA | 成型材料 | 光敏树脂 9000 |
| 快速成型 | 设备型号 | 上海联泰 RS6000 | |
| | 成型方向 | 由下到上 | |
| | 支撑结构和材料 | 有/支撑材料和模型材料相同 | |
| | 曝光原理 | 激光束在材料表面进行逐点扫描 | |
| | 成型尺寸 | 600 mm ×600 mm ×400 mm | |
| | 分层厚度 | 0. 05 ~ 0. 25 mm | |
| | 成型精度 | $\pm 0.1\% \times L$ （$L\leqslant100$ mm） 或 $\pm 0.1\% \times L$ （$L>100$ mm） | |
| | 激光功率 | 500 ~ 1 000 mW | |
| | 光斑直径 | 0. 12 ~ 0. 20 mm | |
| | 扫描速度 | 6 ~ 10 m/s | |
| | 外形尺寸 | 1 460 mm ×1 250 mm ×1 900 mm | |
| 成型设备提供商 | 上海联泰三维科技有限公司 | | |

# 3. 6　后处理

快速成型得到初步产品后，还要对其进行必要的后处理工序才能得到最终产品。

1. 去除支撑

音箱的支撑有外部的支撑和腔体内部对悬空部分的支撑。两部分支撑都是块状支撑，整体呈蜂窝形。外部支撑和部分内部支撑只需要用手轻轻掰掉即可去除（图3－44、图3－45），处理支撑时要戴防护手套。内部悬空部分的支撑待酒精清洗时边洗边去除。

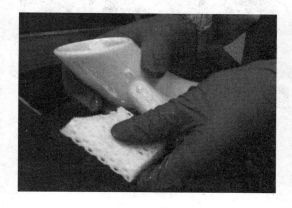

图3－44　手剥去除音箱外部支撑　　　　　　图3－45　剥除音箱支撑体

2. 清洗

从快速成型设备上取下的产品表面附着有黏腻的光敏树脂，需要进行清洗，清洗剂一般使用95%的工业酒精。为了节约酒精和清洗彻底，一般施行3遍清洗。第一遍使用已多次使用过的酒精（图3－46），用刷子、清洁布等对音箱的外表面和腔体内部进行大致清洗，之后就可以用小刮刀除去音箱内部悬空部分的支撑了（图3－47）。

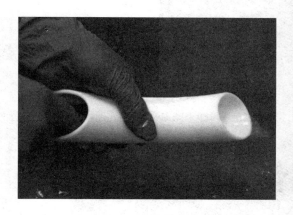

图3－46　第一遍酒精清洗　　　　　　图3－47　用小刮刀去除内部悬空部分的支撑

去除所有支撑后，再次清洗。将表面的附着物大致清洗去除掉后，再换较为干净的酒精进行二次清洗（图3－48），并用小刮刀仔细地将内部悬空部分遗留的较难去除的支撑进一步去除干净。最后用全新的95%工业酒精对音箱进行最后的清洗（图3－49），清洗后用高压气枪冲刷干净（图3－50）。清洗剂可以循环使用，但一般也不超过3次，清洗过程中要注意相关的防护措施，避免造成不必要的伤害。

图 3 – 48　二次清洗

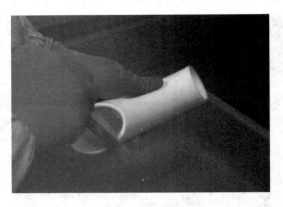

图 3 – 49　三次清洗

图 3 – 50　高压气枪冲刷

## 3. 二次固化

为保证树脂固化完全，有时会使用紫外光进行二次固化（图 3 – 51）。把清洗干净的音箱模型放入紫外灯箱，固化 30～40 min 即可。

图 3 – 51　紫外灯箱二次光固化

## 4. 打磨

固化完毕，再进行最后的打磨即可完成。打磨分为机器打磨和手工打磨，首先用砂纸进行手工打磨，对内外表面进行修整，然后再用喷砂机打磨音箱，修整手工不能触到的部分，对整个音箱进行最后的磨光。SLA 快速成型制造的手机共鸣音箱加工完成（图 3 – 52）。

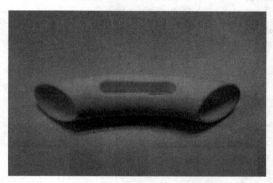

图 3 – 52　SLA 快速成型制造的手机共鸣音箱

至此就完成了从三维数模到实物模型的快速制造，整个过程大约 6 h，相比传统制造制作模具再生产来说，大大节约了时间成本，且成型全过程可实现无人值守，也节约了人力成本。就产品本身来讲，本例中制作的音箱能够准确还原设计理念，可以看到 SLA 快速成型制造的音箱表面光滑细腻、质量高、细节还原精度高。经测试，光敏树脂材料制成的音箱同样具有共鸣放大声效的功能，即 SLA 快速成型方法制造的产品在功能上也达到了使用要求。

# 第 4 章

## 创新与创业

## 4.1　创新概述

### 4.1.1　创新的概念

习近平强调，创新始终是推动一个国家、一个民族向前发展的重要力量。我国是一个发展中大国，正在大力推进经济发展方式转变和经济结构调整，必须把创新驱动发展战略实施好。实施创新驱动发展战略，就是要推动以科技创新为核心的全面创新，坚持需求导向和产业化方向，坚持企业在创新中的主体地位，发挥市场在资源配置中的决定性作用和社会主义制度优势，增强科技进步对经济增长的贡献度，形成新的增长动力源泉，推动经济持续健康发展。

创新是以新思维、新发明和新描述为特征的一种概念化过程。其起源于拉丁语，有三层含义：第一，更新；第二，创造新的东西；第三，改变。创新是人类特有的认识能力和实践能力，是人类主观能动性的高级表现，是推动民族进步和社会发展的不竭动力。一个民族要想走在时代前列，就一刻也不能没有创新思维，一刻也不能停止各种创新。创新在经济、技术、社会学以及建筑学等领域的研究中举足轻重。

### 4.1.2　创新的基本要素

创新要具备一定的条件和要求，创新与人们的思维、联想和情绪密切相关。创新意味着对以前的否定，对未知的好奇，对落后的淘汰；创新必须要发挥人的聪明智慧；创新必须要在一定的情绪中完成，要有浓厚的兴趣，甚至达到痴迷的程度，并且勇于探索，才有希望获得创新。

创新应该具备的基本要素应该有以下几点：

（1）好奇与兴趣。

黑格尔说过："要是没有热情，世界上任何伟大事业都不会成功。"所有个人行为的动力，都要通过他的头脑，转变为他的愿望，才能使之付诸行动。引导和培养好奇心理，这是唤起创新意识的起点和基础。

孔子说："知之者不如好之者，好之者不如乐之者。"兴趣是最好的老师，兴趣是感情的体现，是创新的内在因素，事实上，只有感兴趣才能自觉地、主动地、竭尽全力去观察它、思考它、探究它，才能最大限度地发挥主观能动性，产生新的联想，或进行知识的移植，做出新的比较，综合出新的成果。也就是说强烈的兴趣是"敢于冒险、敢于闯天下、敢于参与竞争"的支撑，是创新思维的营养。

（2）质疑与否定。

我国古代教育家早就提出"前辈谓学贵为疑，小疑则小进，大疑则大进""学从疑生，疑解则学成"。20世纪中期的布鲁纳认为，发现质疑有利于激活智慧潜能，有利于培养内在动机和知识兴趣。

批判和否定是创新的条件。不破不立，但是破字当头并不等于立在其中。因此，要针对在怀疑、批判和否定的过程中发现的问题进行解题，进行分析、探索、寻求和论证。这个解决问题的过程也就是提出新思想、创立新理论的过程。

（3）激情与探索。

激情作为一种激烈、奋进的情绪，是人们从事发明创造不可缺少的精神动力。特别是科学发现和理论创新，更不能没有进入无我无物境界的激情。没有对真理的执着探索、对知识顽强追求的热忱，人们就不可能揭示大自然的美和奥秘。

### 4.1.3 创新精神的内涵

创新精神属于科学精神和科学思想范畴，是进行创新活动必须具备的一些心理特征，包括创新意识、创新兴趣、创新胆量、创新决心，以及相关的思维活动。

创新精神是一种勇于抛弃旧思想旧事物、创立新思想新事物的精神。例如：不满足已有认识（掌握的事实、建立的理论、总结的方法），不断追求新知；不满足现有的生活生产方式、方法、工具、材料、物品，根据实际需要或新的情况，不断进行改革和革新；不墨守成规（规则，方法，理论，说法，习惯），敢于打破原有框架，探索新的规律，新的方法；不迷信书本、权威，敢于根据事实和自己的思考，同书本和权威质疑；不盲目效仿别人（想法、说法、做法），不人云亦云，唯书唯上，坚持独立思考，说自己的话，走自己的路；不喜欢一般化，追求新颖、独特、异想天开、与众不同；不僵化、呆板，灵活地应用已有知识和能力解决问题……都是创新精神的具体表现。

创新精神是科学精神的一个方面，与其他方面的科学精神不是矛盾的，而是统一的。例如：创新精神以敢于摒弃旧事物旧思想、创立新事物新思想为特征，同时创新精神又要以遵循客观规律为前提，只有当创新精神符合客观需要和客观规律时，才能顺利地转化为创新成果，成为促进自然和社会发展的动力；创新精神提倡新颖、独特，同时又要受到一定的道德观、价值观、审美观的制约。

## 4.2 创业概述

### 4.2.1 创业的概念

"创业"一词由"创"和"业"组成。《现代汉语词典》对创业有如下解释，所谓"创"一般是指创建、创新、创意；"业"是指学业、专业、就业、事业、家业、企业等。

对创业的定义和理解，存在不同的角度和范畴，有狭义和广义之分。

广义的创业定义为"创造新的事业的过程"，即"创建一番事业"。古语有"创业难，守业更难"的说法。这里讲的创业不只是财富的创造。创业既包括营利性组织，也包括非营利性组织；既包括官方设置的部门和机构，也不排斥非政府组织；既包括组织，也包含个人；既包括大型的事业，也包括小规模的个人或家庭事业。

从广义的角度去看个人的创业，可以理解为是一个人根据自己的性格、兴趣、所学专业、能力等选择适合自己的职业，并为这个职业的成功准备各种条件，直至实现自己人生目标的过程和结果。也可以说是一个人为了实现自己的人生目标，从事社会发展所需要的工作，为社会发展做出贡献的经常性活动。

狭义的创业定义为"创建一个新企业的过程"，是指创业者个人或者创业团队白手起家，转变择业观念，以资源所有者的身份，利用知识、能力和社会资本，通过自筹资金、技术入股、寻求合作等方式创立新的社会经济单元，即不做现有就业岗位的填充，而是为自己、为社会更多人创造就业机会。

### 4.2.2 创业的类型

芝加哥大学教授阿玛尔·毕海德（Amar V. Bhide）将原创性的创业概括为五种类型，分别是边缘企业、冒险型的创业、与风险投资融合的创业、大公司的内部创业、革命性的创业。基于创业初始条件的分类如表4-1所示。

表4-1 不同创业类型的对比（基于创业初始条件的分类）

| 因素 | 冒险型的创业 | 与风险投资融合的创业 | 大公司的内部创业 | 革命性的创业 |
|---|---|---|---|---|
| 创业的有利因素 | 创业的机会成本低、技术进步等因素使得创业机会增多 | 有竞争力的管理团队、清晰的创业计划 | 拥有大量的资金、创新绩效直接影响晋升、市场调研能力强、对R&D的大量投资 | 无与伦比的创业计划、财富与创业精神集于一身 |
| 创业的不利因素 | 缺乏信用、难以从外部筹措资金、缺乏技术管理和创业经验 | 经历避免不确定性、又追求短期快速回报、市场机会有限、资源的限制 | 企业的空盒子系统不鼓励创新精神、缺乏对不确定性机会的识别和把握能力 | 大量的资金需求、大量的前期投资 |
| 获取资源 | 固定成本低、竞争不是很激烈 | 个人的信誉、股票及个人所得激励措施 | 良好的信誉和承诺、资源提供者的转移成本低 | 富有野心的创业计划 |
| 吸引顾客的途径 | 上门销售和服务、了解顾客的真正需求、全力满足顾客需要 | 目标市场清晰 | 信誉、广告宣传、关于质量服务等多方面的承诺 | 集中全力吸引少数大的顾客 |

| 因素 | 冒险型的创业 | 与风险投资融合的创业 | 大公司的内部创业 | 革命性的创业 |
|---|---|---|---|---|
| 成功基本因素 | 企业家及其团队的智慧、面对面的销售技巧 | 企业家团队的创业计划和专业化管理能力 | 组织能力、跨部门的协调及团队精神 | 创业者的超强能力、确保成功的创业计划 |
| 创业的特点 | 关注不确定性程度高，但投资需求少的市场机会 | 关注不确定性程度低的、广阔而且发展快速的市场和产品或技术 | 认真评估的有丰厚利润的市场机会，回避不确定性程度大的市场利基 | 技术生产经营过程方面实现巨大创新、向顾客提供超额价值的产品和服务 |

### 4.2.3 创业精神的内涵

广义的创业精神是一种能够持续创新成长的生命力，即以有限的资源追求无限的理想。一般可以分为组织的创业精神和个体的创业精神。组织的创业精神则指在已存在的一个组织内部，以群体力量追求共同愿景，从事组织创新活动，进而创造组织的新面貌。

个体的创业精神也可以称作企业家精神，即某个人或者某个群体通过有组织的努力，以创新的和独特的方式追求机会、创造价值和谋求增长，不管这些人手中是否拥有资源。创业精神包括发现机会和调度资源去开发这些机会。哈佛大学商学院将"创业精神"定义为"追求超越现有资源控制下的机会的行为"。他们认为，创业精神代表一种突破资源限制，通过创新来创造机会的行为。创业精神隐含的是一种创新行为，而不是一个特别的经济现象或个人的特质表现。

## 4.3 创新与创业的关系

国际大师熊彼特对创新的学理性解释是，创新是构建一种新的生产函数，所投入的资本、劳动、技术是自变量，而产出是因变量。创业也是构建一种新的生产函数，除资本、劳动、技术三个变量之外，又多了一个建立新企业或企业内部新的独立部门的组织变量。由此看来，创业是创新的特殊形态。换言之，不少创新是需要通过创业的方式实现的。特别是技术创业的本质是对新技术的商业化应用，核心是技术创新。

创新是创业的手段和本质。在现代经济中，创业企业必须进行有效的自主创新，只有不断地进行生产技术革新和再创造，才能使所创立的企业生存，与时俱进，发展并保持持久的活力。从而达到技术创新成果的商品化和产业化，获得自主品牌，进而实现技术创新的利润和价值。创业是创新的载体和实现方式之一。

创业是创新的载体。创新是对人的发展的总体把握，创业着重对人的价值的具体体现。仅仅具备创新精神是远远不够的，它只是为创业成功提供了可能性和必要的准备，如果脱离了创业实践，缺乏一定的创业能力，创新精神也就成了无源之水、无本之木。创新精神所具有的意义，只有作用于创业实践活动才能有所体现，才有可能最终创业成功。

因此说，创新与创业有着密切的联系，二者是相辅相成的。现实中，要十分清晰地将某项活动界定为是创新而不是创业，这是不太容易的；反之亦然。因为创新和创业本来就是一个整体。相应，创业教育中必然包含创新教育，创新教育中也必然包含创业教育。

# 4.4 创业与生涯发展

创造是人类区别于动物的基本特点和标志之一。随着现代社会科学技术与经济的快速发展，对科技人才创造力的培养与开发提出了更高的要求。开发人的创造力，培养大批出类拔萃、思维敏捷、勇于创造的人，已经成为一个国家经济社会发展的战略性问题。创业生涯规划可使学生充分地认识自己，客观地分析环境，科学地树立目标，正确地选择职业，适当地运用方法，有效地采取措施，从而克服创业生涯发展中的困阻，避免人生陷阱，获得事业的成功。结合创业生涯规划培养、开发创造力的重要意义和最终目的在于使学生创造力的发展从自发走向自觉，从而充分发掘创造潜力，实现创业成功。

对于即将步入社会的学生，面临多种选择，是考研升学、出国留学、工作就业，还是从事创业等，这些都是学生所面临的一系列选择，也或多或少地影响职业生涯历程。针对要创业的学生，需要在对创业的主客观条件进行测定、分析、总结研究的基础上，确定最佳的创业目标，并为实现这一目标做出行之有效的安排，为自己订下创业大计，筹划未来，拟订创业发展方向。

## 4.4.1 创业对生涯发展的价值和意义

当前，在我国经济社会发展进程中自主创新需要提倡学生创业。一方面，社会与高校针对这一现实需要，有意识地对学生进行创业意识、创业能力、创业知识的培养，并与创业实践相结合，这符合培养人的全面发展的教育思想，与实施素质教育的要求是相一致的；另一方面，国家重视创业行为，重视对创业进行教育推广与鼓励，发展小企业的经验表明，有效地组织实施学生创业活动，既可以直接促进经济发展，又对优化社会劳动力结构具有重要作用。学生创业是新时期面临的一个不可阻挡的趋势。通过指导学生创业推行以人为本的教育理念，以人的科学发展为主导，强调人的全面自由发展，能够很好地帮助学生成人、成才，实现人生价值，获得社会效益，对个人与社会发展都具有重要意义。

## 4.4.2 创业生涯规划的步骤与方法

人生在世，谁都想开创一份属于自己的事业。然而，创业的成功，并非人人都能如愿以偿，问题何在呢？如何做才能使创业更有可能获得成功呢？这是每个想创业的大学生最关心的问题。生涯规划可以为成功提供较有保障的技术与方法。目标明确，未雨绸缪，创业生涯规划可使学生充分认识自己，客观分析环境，科学地树立目标，正确选择职业，运用适当方法，采取有效的措施，克服创业生涯发展中的困阻，避免人生陷阱，获得创业成功。

面对复杂的创业形势，想创业的学生们有必要按照生涯规划理论加强自身的认识与了解，找出自己感兴趣的领域，如3D打印技术是否是你的兴趣所在，确定自己创业的优势所在，明确切入创业的起点及提供辅助支持、后续支援的方式，其中最重要的是明确自我人生目标，即给自我人生定位。自我定位，规划创业人生，就是明确自己"要创业我能干什么""3D打印技术掌握如何""社会可以提供给我什么样的创业机会""要创业我选择干什么""在创业中我怎么干"等问题，使理想可操作化，为开始创业提供明确方向。

（1）明确自身优势。

良好的开端是成功的一半！做自己擅长并喜欢的事情自然就事半功倍。创业之初，首先要对自己有清晰的认识，明确自己的喜好，明确自己的能力大小，给自己打打分，看看自己的优势和劣势，这就需要进行自我分析。通过对自己的分析，旨在深入了解自身，根据过去的经验选择、推断未来可能的创业方向与机会，从而彻底解决"我能干什么"的问题。简单说就是要明确：我所学的专业是什么？我能做好的事情是什么？我喜欢的事情是什么？对自己的认识分析一定要全面、客观、深刻，绝不回避缺点和短处。尽量将自己所学习的以及特长运用到创业中，更加增加创业的信心。只有从自身实际出发，顺应社会潮流，有的放矢，才能马到成功。要知道个体是不同的、有差异的，创业者就是要找出自己与众不同的地方并发扬光大。完成自己的创业定位，就是给自己亮出一个独特的招牌，让自己的创业才华更好地展示出来。

（2）打铁还需自身硬。

3D打印技术掌握如何了？3D打印技术将来的发展趋势是什么？市场中哪些领域应用3D打印技术广泛？是否已经深入了解？这些都是需要在开始创业之前完成的，需要去跑动市场，调研市场，发现需求。每天不停地学习，不断更新自身对3D打印技术的掌握与了解等，谁掌握了技术谁就掌握了市场。

（3）思考针对创业学到了什么。

在校期间，从专业学习中获取了哪些创新性的收益，参加过什么社会创业实践活动，提高和升华了哪方面的创业知识。专业也许在未来工作中并不起多大作用，但在一定程度上决定着创业的方向，因而拥有扎实的专业课程知识基础是进行创业生涯规划的前提条件之一。不可否认知识在人生历程中的重要作用，特别是在知识经济日益受到重视的今天，从事科技创新性的创业更离不开对知识的创造性运用。

（4）总结针对创业做过什么。

即自己已有的创业经历和体验，如在校期间从事的校园创业尝试，曾经到企业做过相关调查等社会实践活动，所取得的成就及经验积累等。实践经历是个人最宝贵的财富，往往可以从侧面反映出一个人的创业素质、潜力状况，因而对创业具有重要影响，创业实践的经历往往对创业生涯的发展较为重要，因为许多事情只有经历过，才可能有深刻体会。一个人创业意识的激发、创业能力的培养，只有在创业实践中才会真正体现出来。

（5）回顾针对创业成功的经历是什么。

客观分析所做过的很多事情，最成功的是什么？为何成功的，是偶然还是必然？是否是自己能力所为？通过最成功事例的分析，可以发现自我优势的一面，比如坚强、果断、智慧超群，以此作为个人深层次挖掘的创业动力之源和魅力闪光点，形成创业生涯规划的有力支撑；找到创业方向，往往要从自己的优势出发，以己之长立足社会进行创业。

### 4.4.3 3D打印创业规划案例

任何一个技术的创新，尤其是创业，开始总是艰难的，创业方法亦是千千万万。每个人都有自己的创业理念与方法，尤其是利用最新的技术进行创业，如大数据、互联网+、3D打印，大家都在摸索，都在寻找适合自身的创业方法，本次以3D打印技术为案例，并引用目前主流的创业方法加以介绍。步骤如下：

（1）市场调研分析。

3D打印产业包括上游的打印材料，中游的打印设备、相关外设及其设计软件，以及下游的打印终端产品和工业设计服务与应用等。2016年，中国3D打印产业市场规模达到100亿元人民币，年增长率达19.8%，远远高于全球平均水平。主要集中在家电及电子消费品、建筑、教育、模具检测、医疗及牙科正畸、文化创意及文物修复、汽车及其他交通工具、航空航天等领域。其中，3D打印需求最大的三个领域分别来自民用消费、工业设计和航天军工。

作为全球重要的制造基地，中国一共拥有8.7%的3D打印机，专利数位居世界第三。随着中国工业4.0脚步的加快，3D打印技术在智能制造中的应用将更为广泛，未来国内将迎来3D打印的高速发展阶段，2020年国内3D打印市场产值有望突破144亿元，如图4-1所示。

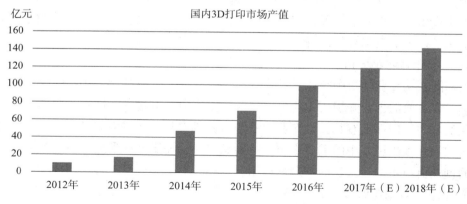

图4-1 国内3D打印市场产值

其中3D打印产业市场中，产品市场与服务市场规模旗鼓相当。产品市场主要包括3D打印机销售、打印机系统升级、打印材料等；服务市场主要包括3D打印服务提供商的产品的销售、打印机系统维护、相关培训、展会论坛、咨询研究等。

根据市场调研结果，分析自身适合3D打印的哪一个方向的创业，如3D打印机销售、打印机系统升级、打印材料、3D打印技术培训等，假设通过市场分析，选择了3D打印机研发与销售（桌面级）。

（2）团队成立。

寻找合伙人或独自先行注册成立公司。对于目前的公司成立形式，合伙制（又成众筹）是比较多的创业公司使用的办法。合伙背景很容易被忽略，但这恰恰是最基础的。阐述合作背景，是对合伙人之间据以合作的资源进行整合分析，是合伙人之间各自的角色定位和对项目的贡献的梳理过程。

①项目概述：创业项目是合伙事业的载体，开工之前，由发起人介绍3D打印机研发与销售方向，谁负责研发，谁负责销售，包括经营范围、领域、定位、运营模式、项目推进计划、发展愿景等。

②规则制定：出资比例、职务分工、薪酬、盈亏分红与风险承担，签订协议书。

（3）公司运营。

任何一个公司的运行及成长都是分阶段的，每个阶段目标及政策是不一样的，也是不断调整的。

创业阶段：此阶段的重点应该以保证公司正常运营为标准，即保证公司在竞争激烈的市场上有立足之地，此阶段最重要的任务是销售。有业绩，公司才能存活，才能保证成长下去，所以此阶段公司制定的各项政策全部以促成销售为核心，可能全部合伙人均为销售员，发展多渠道的3D打印机销售模式，如积极参加3D打印相关展会、利用互联网+等进行品牌宣传、产品宣传。

成长阶段：此阶段是为后续发展蓄力，即此阶段公司核心不仅仅是销售，还有研发，只有研发才能保证公司长久发展。此时，需要明确任务分工，即需要有销售部、市场部、研发部、售后部等相关部门，扩大3D打印技术人员队伍等。3D打印机研发之外，是否开始针对3D打印材料进行研发，是否向工业级的3D打印机方向研发等，需要调研、论证过才能确定，不能盲目加大投入、拓宽产品线。

上市/融资阶段：根据公司发展战略，确定是否进行上市及融资。

# 课 后 习 题

## 第 1 章 认识 3D 打印技术

一、选择题

1. 3D 打印准确地来讲属于（ ）技术。

A. 等材制造 B. 减材制造

C. 增材制造 D. 多材制造

2. 精度高、成品率高、高度高，常被称为快速成型机的是（ ）3D 打印机。

A. 企业级 B. 工业级

C. 桌面级 D. 专业级

3. 3D 打印源自 100 多年前的照相雕塑和地貌成型技术，20 世纪（ ）已有雏形。

A. 60 年代 B. 80 年代

C. 70 年代 D. 90 年代

4. 3D 打印技术并非"无所不能"，还有许多技术困难没有得到完美解决。在产品精度、（ ）等方面还有很大的提升空间。

A. 实用性 B. 专业性

C. 统一性 D. 耐用性

5. 以下不是 3D 打印技术的制造成本优势的是（ ）。

A. 生产周期短节约成本 B. 制造复杂零件不增加成本

C. 产品多样化不增加成本 D. 材料便宜不耗费成本

6. 以下不是 3D 打印技术系统中软件部分的是（ ）。

A. 建模软件 B. 数据处理软件

C. 三维编辑软件 D. 设备控制软件

7. 经过多年的探索和发展，3D 打印技术有了长足的发展，目前已经能够在（ ）的单层厚度上实现 600dpi 的精细分辨率。

A. 0.01 mm B. 0.02 mm

C. 0.03 mm D. 0.04 mm

8. 未来不属于 3D 打印技术的发展趋势的是（ ）。

A. 智能化 B. 便捷化

C. 通用化 D. 国际化

9. （　　）是全球最大的 3D 打印机生产国和消费国，3D 打印产业生态建设完善。

A. 英国　　　　　　B. 法国　　　　　　C. 美国　　　　　　D. 中国

10. 3D 打印设备中面向普通大众、教育机构或者爱好者等的设备系统是（　　）。

A. 桌面级 3D 打印设备　　　　　　　B. 系统级 3D 打印设备

C. 工业级 3D 打印设备　　　　　　　D. 专业级 3D 打印设备

**二、填空题**

1. 传统生产制造方式是 _____ 和 _____ 。

2. 一个完整 3D 打印产品制作，需要由 _____ 和 _____ 设备共同协作完成。

3. 3D 打印设备与传统打印机较为类似，都是由 _____ 、 _____ 、 _____ 、 _____ 和 _____ 等架构组成，打印过程也很接近。

4. 目前市面上的 3D 打印设备可分为两类，一类是 _____ ，另一类是 _____ 。

5. 基于 3D 打印的成型原理，其所使用的原材料必须能够 _____ 、 _____ 或者 _____ ，在打印完成后又能重新结合起来。

6. 在全球 3D 打印机行业，美国 _____ 和 _____ 两家公司的产品占据了绝大多数市场份额。

**三、简答题**

1. 3D 打印技术是什么？

2. 3D 打印系统具体由什么组成？

3. 简述 3D 打印技术的优缺点。

# 第 2 章　3D 打印的原理

**一、选择题**

1. FDM 技术的成型原理是（　　）。

A. 叠层实体制造　　　　　　　　　B. 熔融挤出成型

C. 立体光固化成型　　　　　　　　D. 选择性激光烧结

2. 下列 3D 打印技术的成型原理是高分子聚合反应的为（　　）。

A. 激光立体光固化　　　　　　　　B. 选择性激光熔融技术

C. 电子束熔化技术　　　　　　　　D. 层压制造技术

3. 以下不是熔融沉积快速成型工艺的优点的是（　　）。

A. 原材料无毒，适宜在办公环境安装使用

B. 可以成型任意复杂程度的零件

C. 需要设计与制作支撑结构

D. 可直接制作彩色原型

4. 光固化材料的优点是（　　　　）。

A. 熔点高　　　　　　　　　　　　　B. 固化快

C. 强度高　　　　　　　　　　　　　D. 适用于多种环境

5. FDM 工艺对成型材料的要求是（　　　　）。

A. 熔融温度低　　　B. 黏度高　　　C. 黏结性差　　　D. 收缩率高

6. 以下是粉末材料基本要求的是（　　　　）。

A. 颗粒小，尺度均匀　　　　　　　B. 易于分散且稳定，可长期储存

C. 不腐蚀喷头　　　　　　　　　　D. 黏度低，表面张力高

7. LOM 常用的材料有（　　　　）。

A. 棉　　　　　　B. 合金　　　　　C. 金属箔　　　　D. 尼龙

8. 以下选项中哪项是叠层实体制造技术的缺点？（　　　　）

A. 可靠性高，寿命长　　　　　　　B. 原材料价格便宜，制作成本低

C. 不能直接制作塑料工件　　　　　D. 无须设计和制作支撑结构

9. 以下不是选取热熔胶的要求的是（　　　　）。

A. 良好的热熔冷固性

B. 在反复"熔融—固化"条件下，具有较好的物理化学稳定性

C. 与纸具有足够黏结强度，良好的废料分离性能

D. 无须设计和制作支撑结构

10. 创建新平台在菜单栏中的哪一栏中？（　　　　）

A. 文件　　　　　　B. 编辑　　　　　C. 机器平台　　　D. 模块

## 二、填空题

1. 用于光固化快速成型的材料为液态光敏树脂，主要由 ＿＿＿＿＿＿＿＿、＿＿＿＿＿＿＿＿、＿＿＿＿＿＿＿＿组成。

2. 与 LCD MP μ - SL 相比，DMD MP μ - SL 有着更小的 ＿＿＿＿＿＿＿＿、更快的 ＿＿＿＿＿＿＿＿，可更为精确地控制＿＿＿＿＿＿＿＿。

3. FDM 设备采用双喷头不仅能够降低＿＿＿＿＿＿＿＿、＿＿＿＿＿＿＿＿，还可以灵活地选用具有特殊性能的＿＿＿＿＿＿＿＿，有利于在后处理中去除。

## 三、简答题

1. 简述 3D 打印工艺流程。

2. 简述 3D 打印工艺类型。

# 第 3 章　SLA 实例：瓷鸣·手机共鸣音箱（操作应用题）

1. 请用所学知识完成鼠标建模。
2. 请将第一题所完成的建模进行切片，在相应的打印机上完成工作。

（以实际操作效果进行评分）

# 第 4 章　创新与创业

**一、选择题**

1. 创新是以新思维、新发明和新描述为特征的一种概念化过程。其起源于拉丁语，有三层含义，以下不包括的是（　　）。

　A. 更新　　　　　　　　　　　B. 创造新的东西

　C. 改变　　　　　　　　　　　D. 在原有的内容上改进

2. "创业"一词由"创"和"业"组成。《现代汉语词典》对创业解释不正确的是（　　）。

　A. 创建　　　　B. 创作　　　　C. 创新　　　　D. 创意

3. 创新与创业的关系是（　　）。

　A. 创业是创新的载体

　B. 创新比创业更加重要

　C. 创新与创业是相互独立互不干涉的

　D. 只有先创新才能再创业

4. 对创业的定义和理解，存在不同的角度和范畴，有狭义和广义之分。广义的创业定义为（　　）。

　A. 创建一个新企业的过程

　B. 创造新的事业的过程

　C. 以资源所有者的身份为社会更多人创造就业机会

D. 利用知识、能力和社会资本，通过自筹资金等方式创立新的社会经济单元

## 二、填空题

1. 创新的基本要素：_____、_____、_____。

2. 创新精神包括_____、_____、_____、_____以及相关的思维活动。

3. 原创性的创业概括为五种类型，分别是_____、_____、_____、_____、_____。

4. 创新是构建一种新的生产函数，所投入的_____、_____、_____是自变量，而产出是因变量。

## 三、简答题

1. 对比不同创业类型的有利因素与不利因素。

2. 简述创业生涯规划的步骤与方法。

# 习 题 答 案

## （第1章）

**一、选择题**

1. C  2. B  3. B  4. A  5. B  6. C  7. A  8. D  9. C  10. A

**二、填空题**

1. 等材制造　　减材制造
2. 软件　　硬件
3. 控制组件　　机械组件　　打印头　　耗材　　介质
4. 工业级 3D 打印机　　桌面级 3D 打印机
5. 液化　　粉末化　　丝化
6. 3D Systems　　Stratasys

**三、简答题**

1、3D 打印技术是什么？

（1）3D 打印技术是由数字模型直接驱动，运用金属、塑料、陶瓷、树脂、蜡、纸和砂等可黏合材料，在 3D 打印机上按照程序计算的运行轨迹，以材料逐层堆积叠加的方式来构造出与数据描述一致的物理实体的技术。

（2）3D 打印准确地讲应称为快速成型技术（Rapid Prototyping，RP），属于增材制造技术。3D 打印技术是一系列快速成型技术的统称，其基本原理都是叠层制造；3D 打印设备也与传统打印机较为类似，都是由控制组件、机械组件、打印头、耗材和介质等架构组成，打印过程也很接近。就用户的使用体验而言，3D 打印与普通打印机极为相似，正是如此，快速成型技术才会被形象地称为 3D 打印。

2. 3D 打印系统具体由什么组成？

（1）软件：

①建模软件；

②数据处理软件；

③设备控制软件。

（2）硬件：

①工业级 3D 打印机；

②桌面级 3D 打印机。

3. 简述 3D 打印技术的优缺点。

优点：

（1）从制造成本来看：

①生产周期短节约成本；

②制造复杂零件不增加成本；

③产品多样化不增加成本。

（2）从产品来看：

①实现个性化产品定制；

②产品无须组装，一体化成型；

③突破设计局限。

（3）从生产过程来看：

①制作技能门槛低；

②废弃副产品较少；

③产品复制精确；

④材料无限组合。

缺点：

（1）制造精度问题：易形成台阶效应，分层厚度虽然已被分解得非常薄，仍会形成"台阶"。

（2）产品性能问题：现阶段的 3D 打印技术，由于成型材料的限制，其制造的产品在诸如硬度、强度、柔韧性和机械加工性等性能和实用性方面，与传统制造加工的产品还有一定的差距。

（3）材料问题：由于 3D 打印加工成型方式的特殊性，很多材料在使用前需要经过处理制成专用材料（如金属粉末），这使得打印的产品在质量上与传统加工产品的质量有一定的差距，影响应用。另一些快速成型方式制成的产品表面质量较差，需要经过二次加工等后处理才能应用。对具有复杂表面的 3D 打印产品，支撑材料难以去除，也对产品质量和应用构成影响。

（4）成本问题：使用 3D 打印机进行生产制造，高精度核心设备价格高昂，成型材料和支撑材料等耗材需制成专用材料，价格不菲，这使得在不考虑时间成本时，3D 打印对传统加工的优势荡然无存。

## （第 2 章）

### 一、选择题

1. B  2. A  3. C  4. B  5. A  6. A  7. C  8. C  9. D  10. C

### 二、填空题

1. 齐聚物　光引发剂　稀释剂

2. 像素点　响应速度　曝光时间

3. 模型制作成本　提高沉积效率　支撑材料

### 三、简答题

1. 简述 3D 打印工艺流程。

三维设计　＞　切片处理　＞　叠层制造　＞　后处理

2. 简述 3D 打印工艺类型。

1）激光立体光固化

2）高分子打印技术

3）高分子喷射技术

4）数字化光照加工技术

5）选择性激光烧结技术

6）选择性激光熔化技术

7）电子束熔化技术

8）熔融沉积造型技术

9）层压制造技术

10）叠层实体制造技术

# （第 3 章）

略

# （第 4 章）

### 一、选择题

1. D　2. B　3. A　4. B

### 二、填空题

1. 好奇与兴趣　质疑与否定　激情与探索

2. 创新意识　创新兴趣　创新胆量　创新决心

3. 边缘企业　冒险型的创业　与风险投资融合的创业　大公司的内部创业——革命性的创业

4. 资本　劳动　技术

### 三、简述题

1. 对比不同创业类型的有利因素与不利因素。

1）冒险型的企业：有利因素是创业的机会成本低、技术进步等因素使得创业机会增多；不利因素是缺乏信用、难以从外部筹措资金、缺乏技术管理和创业经验。

2）与风险投资融合的创业：有利因素是有竞争力的管理团队、清晰的创业计划；不利因素是经历避免不确定性、追求短期快速回报、市场机会有限、资源的限制。

3）大公司的内部创业：有利因素是拥有大量的资金、创新绩效直接影响晋升、市场调

研能力强、对 R&D 的大量投资；不利因素是企业的空盒子系统不鼓励创新精神、缺乏对不确定性机会的识别和把握能力。

4）革命性的创业：有利因素是无与伦比的创业计划、财富与创业精神集于一身；不利因素是大量的资金需求、大量的前期投资。

2. 简述创业生涯规划的步骤与方法。

（1）明确自身优势；

（2）打铁还需自身硬；

（3）思考针对创业学到了什么；

（4）总结针对创业做过什么；

（5）回顾针对创业成功的经历是什么。